STUART CLARK

Membro da Royal Astronomical Society e consultor da European Space Agency

A INCRÍVEL JORNADA da HUMANIDADE

A História contada através das estrelas

São Paulo
2021

Beneath the night - How the stars have shaped the History of Humankind

Copyright © Stuart Clark, 2020
All rights reserved.

Copyright © 2021 by Universo dos Livros
Todos os direitos reservados e protegidos pela Lei 9.610 de 19/02/1998.
Nenhuma parte deste livro, sem autorização prévia por escrito da editora, poderá ser reproduzida ou transmitida sejam quais forem os meios empregados: eletrônicos, mecânicos, fotográficos, gravação ou quaisquer outros.

Diretor editorial: **Luis Matos**
Gerente editorial: **Marcia Batista**
Assistentes editoriais: **Letícia Nakamura e Raquel F. Abranches**
Tradução: **Paulo Cecconi**
Preparação: **Alexander Barutti**
Revisão: **Ricardo Franzin e Jonathan Busato**
Diagramação e Capa: **Renato Klisman**

Dados Internacionais de Catalogação na Publicação (CIP)
Angélica Ilacqua CRB-8/7057

C544i
    Clark, Stuart
        A incrível jornada da humanidade : a História contada através das estrelas / Stuart Clark ; tradução de Paulo Cecconi.
        -- São Paulo : Universo dos Livros, 2021.
        224 p. il.

ISBN 978-65-5609-145-7

Título original: *Beneath the night – how the stars have shaped the History of humankind*

1. Astronomia - História 2. Estrelas
I. Título II. Cecconi, Paulo

21-3458   CDD 520

Universo dos Livros Editora Ltda.
Avenida Ordem e Progresso, 157 — 8º andar — Conj. 803
CEP: 01141-030 — Barra Funda — São Paulo/SP
Telefone/Fax: (11) 3392-3336
www.universodoslivros.com.br
e-mail: editor@universodoslivros.com.br
Siga-nos no Twitter: @univdoslivros

Para todos aqueles que pararam
sob o céu da noite
e meditaram sobre as estrelas.

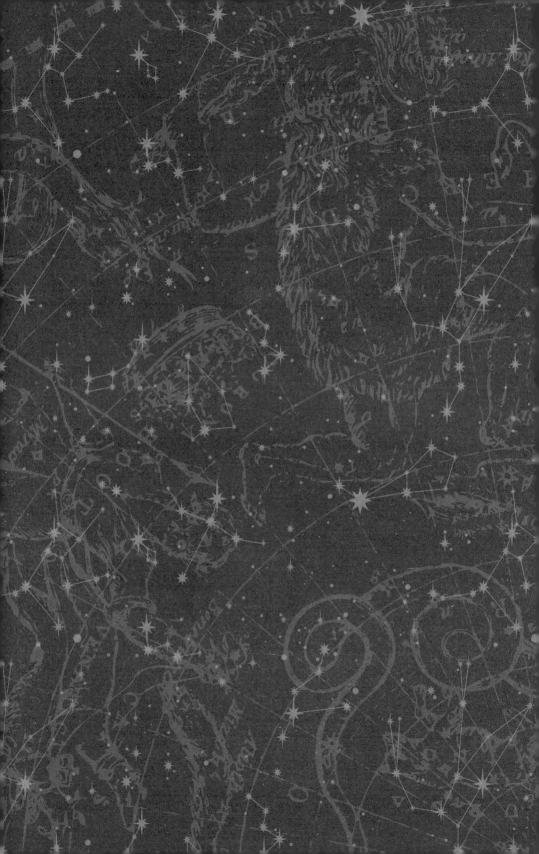

SUMÁRIO

1. Da Era Espacial à Idade da Pedra — 7
2. A invenção do Paraíso — 21
3. Calendários e constelações — 43
4. Os magos, os sábios e os astrólogos — 63
5. A música das esferas — 81
6. Divisor de águas — 97
7. Catástrofe e a mente em ruínas — 119
8. Os mortos da meia-noite, o meio-dia do pensamento — 133
9. Utopia — 153
10. Tocando o céu noturno — 171
11. O verdadeiro encanto — 191

Notas — 209

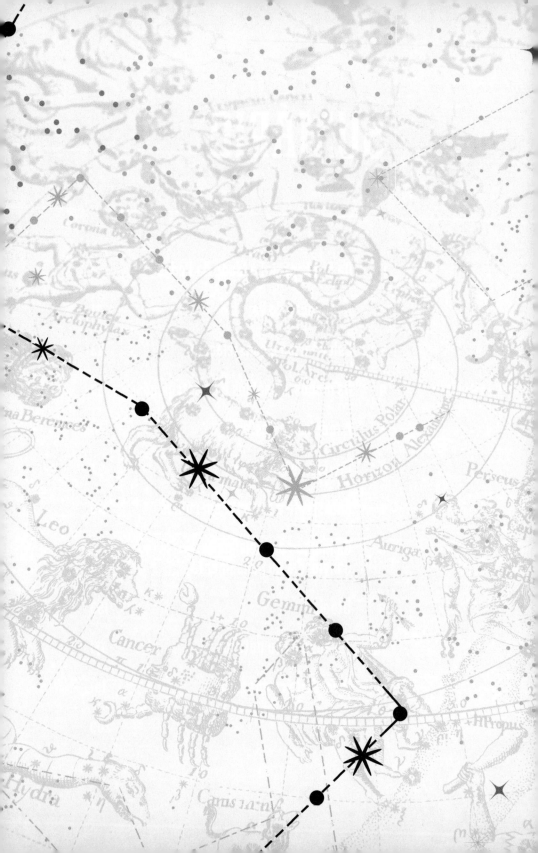

1
DA ERA ESPACIAL À IDADE DA PEDRA

Da próxima vez que reparar que não há nuvens no céu, saia de dentro de casa e encontre algum lugar escuro. Deve ser longe das luzes da rua, de árvores e edifícios, para que você possa ter a melhor vista possível do céu noturno – mas não olhe para cima imediatamente. Demora cerca de trinta ou quarenta minutos até que seus olhos se ajustem totalmente à escuridão. Durante esse tempo, eles se tornarão de dez mil a um milhão de vezes mais sensíveis à luz. Perfeitos para observar as estrelas!

Passado esse tempo, depois de ter encontrado um bom lugar, olhe para cima. Dependendo das condições atmosféricas e da sensibilidade dos seus olhos, você será capaz de enxergar cerca de três ou quatro mil estrelas, cada qual um Sol distante. Cada uma delas um possível lar para uma família de planetas.

Para a maioria das pessoas, essa experiência tende a evocar sentimentos de tranquilidade e reverência e, muitas vezes, uma impressão da nossa insignificância. Passei minha vida inteira estudando o céu noturno e, ainda assim, até hoje me encho de admiração e entusiasmo sempre que o contemplo. Sempre busquei compreender as estrelas e aceitar a imensidão de tudo o que representam. Recentemente, percebi que a qualidade mais encantadora a respeito delas não está ligada à sua quantidade ou mesmo à sua natureza, mas ao fato de que, comparadas às nossas breves vidas, as estrelas são imortais.

Shakespeare viu as mesmas estrelas nos mesmos padrões que nós vemos. Assim como Galileu, Colombo, Joana d'Arc, Cleópatra e o primeiro proto-homem que olhou para cima com curiosidade.

Da Era Espacial à Idade da Pedra, estar sob o céu noturno é testemunhar algo que todo ser humano que viveu no planeta testemunhou. É nossa herança comum.

Este livro é a história da nossa relação com o céu noturno. Mais do que um livro sobre a nossa compreensão de astronomia, é a história de como o nosso fascínio pelos céus moldou a sociedade, a cultura e a religião, bem como a ciência. Além de permitir nossa compreensão científica do Universo, as estrelas inspiraram nossos poetas, artistas e filósofos; deram-nos um lugar para projetar nossas esperanças e medos; revelaram nossa verdadeira origem e sugerem nosso destino final.

O simples fato de olharmos para o céu noturno em nossa busca por significado é uma das marcas indeléveis de nossa humanidade. Como este livro mostrará, contar a história desse fascínio noturno é contar a história do que significa ser humano.

Não existe teoria definitiva sobre como ou por que os humanos começaram a se relacionar com o céu noturno. Mas há um crescente conjunto de evidências, de várias disciplinas diferentes, que sugerem que é no mínimo plausível acreditar que nosso fascínio começou quase no mesmo período em que o humano moderno evoluiu, cerca de setenta mil anos atrás.

O ímpeto moderno de analisar tempos tão remotos como a pré-história vem do trabalho de Alexander Marshack, um jornalista americano que acabou se tornando arqueólogo. Como ocorreu com boa parte do resto do mundo na época, o fascínio de Marshack pelo espaço começou em 4 de outubro de 1957, quando a União Soviética desenvolveu um foguete suficientemente potente para lançar sua primeira nave espacial, a Sputnik 1. Porém, o que destaca Marshack de muitos de seus contemporâneos é que ele não ficou fascinado apenas pelas conquistas tecnológicas da Era Espacial. Seu interesse era mais primitivo: ele queria saber o que levava os humanos a querer "tocar" o céu noturno.

Cinco anos depois, durante o outono de 1962, o Presidente John F. Kennedy fez seu famoso discurso no Rice Stadium, em Houston, Texas, durante o qual prometeu que os Estados Unidos da América colocariam um humano na superfície da Lua antes do fim da década. Marshack decidiu escrever um livro semelhante a este que você lê agora, na tentativa de explicar como – e, principalmente, *por que* – a humanidade havia chegado a um ponto na história em que seria possível efetivamente realizar tal missão. Contudo, assim que Marshack começou sua pesquisa, ele descobriu que essa tarefa era "praticamente impossível".[1]

Ele passou boa parte de 1963 viajando pelos Estados Unidos e entrevistou pessoas envolvidas no crescente campo da exploração espacial. Muitos de seus entrevistados eram especialistas importantes da época, como o conselheiro científico do Presidente Kennedy, Dr. Jerome Wiesner; o administrador-chefe da NASA, James Webb; representantes da Academia Nacional de Ciências e da Força Aérea, além de vários acadêmicos. Ele também falou com suas contrapartes da União Soviética. Porém, ninguém era capaz de fornecer uma resposta clara à simples pergunta: *por que* a humanidade desejava explorar o espaço? Era como se o desejo de realizar essa tarefa fosse uma compulsão humana básica.

E, realmente, exemplos dessa compulsão ecoam pela história. Em 1596, o proeminente matemático alemão e astrônomo Johannes Kepler escreveu:

> *Não questionamos a aplicação prática do canto dos pássaros, pois a música é seu prazer, visto que foram criados para cantar. Do mesmo modo, não devemos perguntar por que a mente humana se incomoda em vasculhar os segredos dos céus... A diversidade dos fenômenos da Natureza é tão grande, e os tesouros ocultos são tão ricos, que a mente humana jamais sentirá falta de sustento.*[2]

Se retrocedermos ainda mais, cerca de 2.400 anos atrás, lembraremos que o filósofo grego Platão escreveu sua obra clássica, *A República*. No Livro VII, ele lança a hipótese de que nossos olhos foram criados para o estudo do céu noturno, mas, em vez de permitir que a beleza da noite apenas nos encante, devemos exercitar nossas mentes para compreender a ordem por trás dos arranjos celestiais. Novamente, a sugestão de Platão é clara. O motivo pelo qual devemos estudar o céu noturno é o mesmo que o explorador britânico George Mallory forneceu quando questionado sobre por que ele desejava escalar o Monte Everest: "Porque ele existe". Kennedy chegou a citar Mallory em Houston para explicar por que os Estados Unidos deveriam pousar na Lua.

Para tentar explicar sua atração emocional pelo céu noturno, Marshack tentou identificar quando nosso fascínio começou. Essa busca o levou ao tempo anterior à civilização e à agricultura, antes da própria história, quando os humanos viviam em comunidades de caçadores-coletores, dezenas de milhares de anos atrás. Em vez de escrever um livro sobre o espaço, ele escreveu sobre a origem pré-histórica da ciência humana e da cultura – e o papel central que o céu noturno desempenhou em nosso despertar. Sua esposa afirmou no obituário publicado pelo *New York Times* em 2004: "Ele ficou tão intrigado que deixou a Era Espacial e voltou à Era do Gelo".

A Era do Gelo em questão assolou o mundo no período entre 2,6 milhões de anos atrás e 12 mil anos atrás. Durante esse tempo, a maior parte do Norte europeu submergiu sob os mantos de gelo do Ártico e as geleiras dos Alpes estendiam-se para muito além de seus limites modernos. Foi também durante esse período que várias espécies de humanos surgiram, diferenciando-se de outros grandes símios. Esse processo começou na África cerca de 2,3 milhões de anos atrás, com o surgimento do *Homo habilis*, e culminou, há cerca de 200 mil anos, na chegada da nossa própria espécie, *Homo sapiens*. No entanto, o momento crucial para nossa história só ocorreu 130 mil anos após a chegada da nossa espécie, quando algo realmente especial aconteceu: passamos a pensar diferente.

Ninguém sabe por que isso aconteceu. Pode ter sido alguma mutação aleatória em nosso DNA que, de repente, permitiu que nossos cérebros percebessem o mundo de modo mais abstrato, ou pode ter sido um processo gradual que começou muito antes, com o surgimento do *Homo sapiens*.[3] Independentemente do que tenha desencadeado o processo, há setenta mil anos, a chamada revolução humana fora concluída.[4] E, apesar das dezenas de milhares de anos que se passaram desde então, considera-se que não há diferença relevante entre os humanos atuais e nossos ancestrais daquele período. O seu poder cerebral era semelhante ao nosso, a sua capacidade de raciocínio era a mesma que a nossa, bem como a curiosidade e a capacidade de sonhar. Tudo o que faltava a esses humanos primitivos era o conhecimento que hoje possuímos. Mas os registros fósseis mostram que eles aprendiam rápido.

Por volta de quarenta mil anos atrás, uma população humana de cerca de cinco milhões (em comparação com a de oito bilhões de hoje) se espalhou da África para todo o globo. Arqueólogos identificam essa época como o Paleolítico Superior. Abrange um período de cerca de cinquenta mil a dez mil anos atrás. Como caçadores-coletores, os humanos desse período coletavam plantas selvagens e abatiam animais selvagens para obter alimento. Nos artefatos deixados para trás, percebemos o desenvolvimento do pensamento lógico que leva à tecnologia: lamparinas, barcos, arcos e flechas, agulhas de costura. Mas há muito mais do que ferramentas.

A arte também nasceu nesse período. As primeiras peças que indiscutivelmente apresentam pensamento criativo datam de cerca de quarenta mil anos atrás e foram encontradas na caverna Hohle Fels ("rocha oca"), próximo a Schelklingen, na região dos Alpes Suábios, na Alemanha. Incluem estatuetas, como a Vênus de Hohle Fels, e uma "flauta" feita de ossos ocos de abutre. Perto dali, na caverna Stadel, foi encontrada uma estatueta de leão feita de marfim. Esculpida com o dente de um mamute, o que destaca a peça é que o leão apresenta-se de pé sobre as patas traseiras, em pose humana. Logo, o homem-leão de Stadel sugere que o artista tinha uma imaginação capaz de conceber coisas que não existiam na realidade – nesse caso, um híbrido humano-leão.

Mas o que capturou a imaginação de Alexander Marshack foi um pedaço de osso fossilizado de babuíno, com dez centímetros de comprimento, encontrado nas ruínas de Ishango, uma antiga vila no Congo, às margens do Lago Edward. Desenterrado em 1960 pelo arqueólogo belga Jean de Heinzelin de Braucourt, somava cerca de vinte mil anos e se destacava por ter sido insculpido de uma forma bastante antiestética, com uma infinidade de entalhes. Embora esses entalhes não sejam exatamente um trabalho artístico, não aparentam ser aleatórios. Foram agrupados em três regiões distintas. A primeira contém subgrupos com 11, 13, 17 e 19 linhas; a segunda possui 3, 6, 4, 8, 10, 5, 5 e 7; a terceira apresenta 11, 21, 19 e 9.[5]

Ao descrever a descoberta na *Scientific American*, de Heinzelin apontou que o primeiro grupo são números primos entre 10 e 20.[6] O terceiro grupo representa um padrão matemático: 10 + 1, 20 + 1, 20 – 1 e 10 – 1. Porém, o segundo grupo desafiou a sua capacidade de encontrar um padrão. Apesar do fracasso, ele especulou que poderia ter sido esculpido por alguém que jogava alguma espécie de jogo aritmético. Marshack refutou essa interpretação. Para ele, os arranhões pareciam marcas de contagem – mas o que contavam?

Marshack se lembrou de um artigo que havia lido sobre as sociedades modernas de caçadores-coletores, como a do Kalahari, na África. No artigo, os autores afirmavam que essas sociedades sabiam como mensurar a passagem do tempo mediante observação das estrelas e/ou da Lua.

O céu noturno é perfeito para esse propósito. Em primeiro lugar, os dias são relacionados ao Sol e à forma como o seu movimento anuncia o dia e a noite. O ano e suas estações são claramente relacionados às estrelas e à maneira como as constelações mudam de posição ao longo de um período de doze meses. O mês, em sua forma mais simples, se refere ao período de que a Lua necessita para completar o ciclo de quatro semanas de suas fases. A fase crescente, de lua nova para lua cheia, leva cerca de catorze dias, marcada em uma semana pela meia-lua. O mesmo, ao contrário, é verdadeiro para a fase minguante.

A semelhança entre as palavras mês e lua[*] também não é coincidência. Embora a etimologia das palavras seja complexa, elas compartilham sua origem na palavra latina *metiri* ("medir"). Isso sugere que a Lua foi consagrada como parâmetro para a passagem do tempo há mais de dois mil anos.

Marshack ponderou se essa aplicação se estendia até o Paleolítico Superior. Especificamente, ele se questionou se o osso de Ishango era uma ferramenta de contagem das fases da Lua. Caso fosse, o fato tornaria aquele objeto o calendário mais antigo do mundo e sugeriria que a relação mais antiga que a humanidade tinha com o céu noturno era prática: ele era usado como relógio.

Isso também significaria que começamos nosso relacionamento com o céu noturno tão cedo quanto pudemos: durante a grande revolução humana, quando nossos ancestrais pensaram pela primeira vez sobre o mundo ao seu redor, sobre como viver nele e o significado de seu lugar nesse mundo.

---

[*] *Month* e *moon* em inglês. (N. da T.)

Marshack começou a trabalhar para testar sua hipótese e desenvolveu um sistema complicado que parecia realmente correlacionar as marcas no osso com as fases da Lua. Mas fazer isso significava supor que quem quer que tivesse esculpido o osso havia agrupado as observações lunares em duas sequências de sessenta dias e outra de quarenta e oito dias, quando não havia motivos para fazer isso. Como resultado, apesar de sua interpretação do osso de Ishango ser uma suposição atraente, dificilmente poderia ser considerada conclusiva. Na verdade, desde Marshack, outros pesquisadores sugeriram interpretações alternativas, que variam de extraordinárias (uma "régua" da idade da pedra) a mundanas (um instrumento de registro de mercadorias).

Em busca de mais evidências para sua teoria, Marshack procurou outros artefatos com entalhes semelhantes do período Paleolítico Superior e publicou suas descobertas em *The Roots of Civilization* [As raízes da civilização], em 1972. Apesar de seu trabalho ter sido considerado controverso e criticado por ser muito especulativo, foi uma inspiração para pesquisadores subsequentes, que continuam procurando artefatos e outros indicativos para possíveis interpretações astronômicas. E, apesar de ser evidente que é uma tarefa difícil provar seu argumento apenas com base em dados arqueológicos, ainda existe o sentimento de que as teorias de Marshack têm algum mérito, uma vez que outros artefatos encontrados desde então conferem ainda mais peso a seu argumento.

Um deles é a tíbia de um elefante encontrada no sítio pré-histórico de Bilzingsleben, na Turíngia, Alemanha. Um total de vinte e uma linhas paralelas foram entalhadas no osso, em dois agrupamentos. Um contém sete linhas e o outro, catorze, mas o osso está quebrado. Os paleontólogos que o encontraram, Dietrich e Ursula Mania, supõem que o pedaço que faltava continha um espelhamento do primeiro grupo de marcas, o que elevaria o número total para vinte e oito, um valor que imediatamente nos remete ao mês lunar. Se for o caso, o osso marcaria os sete dias da lua nova até a meia-lua crescente, depois a quinzena da lua cheia até a meia-lua minguante e os últimos sete dias que trazem de volta a lua nova. Apesar de essa interpretação ser altamente especulativa, tal artefato não se destacaria de qualquer outro suposto calendário lunar se não fosse pelo fato de ser muito mais antigo. Em vez de dezenas de milhares de anos, o osso de elefante tem entre 350 mil e 250 mil anos.[7] Incrivelmente, isso o coloca antes da revolução humana, antes mesmo da evolução do *Homo sapiens* e de volta ao tempo do *Homo erectus*, uma espécie humana precedente.

Ainda que não possam ser tidos como conclusivos, o osso de Bilzingsleben e os artefatos estudados por Marshack certamente oferecem evidências tentadoras da ideia de que os povos paleolíticos acompanhavam o céu noturno. Mas aceitar esse fato leva a um mistério maior: por quê? O que motivou os primeiros humanos a fazerem isso?

As várias respostas a essa pergunta sugeridas por estudiosos ao longo das décadas geralmente se enquadram em uma de duas categorias: prática ou religiosa. De acordo com a escola de pensamento prática, o céu noturno era estudado porque poderia ser usado para marcar a passagem do tempo. No extremo oposto do espectro, teóricos religiosos presumem que os sentimentos de admiração que experimentamos ao olhar para o céu noturno se transformam em necessidade de adoração. Então, estudamos os vários movimentos do Sol, da Lua e dos demais corpos celestes para venerá-los como deuses.

No entanto, nenhuma dessas possibilidades funciona: ambas impõem a falsa dicotomia entre motivações religiosas e motivações práticas, que falha em capturar a ampla gama do pensamento humano. Lembre-se de que aqueles primeiros *Homo sapiens* tinham a mesma capacidade cerebral que nós. Suas mentes eram capazes de expressar todas as emoções e desejos que carregamos hoje.

Então, reformulemos a pergunta. É necessário considerável esforço para observar e registrar meticulosamente o céu noturno durante noites, semanas, meses e até anos a fio. Isso é verdade hoje, e seria ainda mais verdadeiro em uma sociedade de caçadores-coletores, na qual o tempo livre era escasso. Portanto, deveria haver alguma forte vantagem *social* nesse esforço. Qual seria?

Busquemos uma resposta nas sociedades caçadoras-coletoras de hoje e no trabalho dos etnógrafos. A etnografia é a observação da cultura de uma sociedade. Já que é impossível voltarmos no tempo até o Paleolítico Superior e observar as tribos de caçadores-coletores que vagavam pela Terra, nossa melhor opção é observar aquelas que ainda vivem assim atualmente. Caso as sociedades modernas de caçadores-coletores utilizem o conhecimento astronômico para benefício da sociedade, esse fato proporcionaria um argumento convincente em favor da teoria de que os caçadores-coletores do Paleolítico Superior também faziam isso.

Existem cerca de cem tribos isoladas no mundo, encontradas principalmente na Amazônia e na Nova Guiné.[8] Elas costumam evitar o contato com o mundo exterior e muitas vezes tratam invasores com hostilidade. Logo, etnógrafos são obrigados a escolher outras tribos, mais receptivas ao contato, mas que, ainda assim, evitam as armadilhas do mundo moderno. Existem dezenas de tribos assim.

Em seguida, os etnógrafos dividem os caçadores-coletores em dois subgrupos: simples e complexos. Grupos simples de caçadores-coletores são aqueles com baixa densidade populacional. São completamente igualitários, sem hierarquia social e todos os seus recursos são completamente compartilhados. Seus sistemas de contagem não se estendem além de algumas dezenas.

Grupos complexos de caçadores-coletores tendem a surgir quando a densidade populacional aumenta. Nessas sociedades, emerge uma hierarquia, geralmente relacionada ao excedente de alimentos. As famílias que mais produzem têm uma posição superior a das outras. Nesses grupos, há também a tendência de essas famílias possuírem pequenos lotes de terra e comercializarem comida e *objets d'art*. Logicamente, é de grande importância manter registros desse comércio alimentício e do empréstimo de variados itens. Isso gera sistemas de contagem complexos, que se estendem a montantes equivalentes a centenas e milhares.

Como Marshack observou, quase todos os grupo de caçadores-coletores existentes possuem alguma forma de classificação astronômica para ajudá-los a calcular a passagem do tempo, mas há uma incrível distinção entre os dois tipos de grupo.

Os grupos simples de caçadores-coletores possuem conhecimento das fases da Lua e de eventos solares, como solstícios, porém, não se dão ao trabalho de organizar festividades, rituais ou celebrações nas datas desses eventos. Isso é condizente com o fato de que estão basicamente em luta para se manterem vivos e raramente têm os excedentes alimentícios necessários para um banquete ritualístico.

A situação dos grupos complexos de caçadores-coletores é bastante diferente. Aqui, a maioria das tribos observa os solstícios de alguma forma e possui algum tipo de calendário lunar. No mínimo, monitoram-se as fases da Lua. Com relação aos solstícios, é o solstício de inverno – ou seja, o dia mais curto do ano – que parece ser o mais importante para o grupo como um todo. É usado para marcar o início de um período de celebração e festividades – o cerimonial de inverno. Aqui, o excedente de comida vem das famílias mais ricas e é usado para reunir aliados e aumentar a importância da família para a tribo.

Talvez o fato mais importante seja que o cerimonial de inverno costuma ser presidido por um xamã, um ancião ou algum indivíduo que o grupo reconheça como possuidor de conhecimentos especiais relativos ao céu noturno. Essa pessoa geralmente está associada à família dominante da tribo e é responsável por prever o próximo solstício de inverno e outros alinhamentos astronômicos. Nesse sentido, também é responsável por definir a data das várias festividades e rituais que marcam o ano do grupo.

Para os caçadores-coletores, essas celebrações não são meros eventos sociais; elas possuem uma dimensão evidentemente política. Assim como usamos as eleições para escolher nossos líderes, as várias famílias da tribo disputam poder nessas reuniões, identificando quem pode compartilhar mais, e usam isso como meio de exibir sua riqueza. Alianças são mediadas, dívidas são pagas, novos empréstimos são feitos. Elas definem a programação e o cenário político do ano que se aproxima.

Um homem que testemunhou isso em primeira mão foi o antropólogo canadense Thomas Forsyth McIlwraith. Entre 1922 e 1924, ele viveu longos períodos junto ao povo indígena Nuxalk, do vale Bella Coola, na Colúmbia Britânica.[9] Ele forneceu um relato detalhado da cerimônia de inverno e da maneira apaixonada como sua data exata era debatida pelos especialistas, o que muitas vezes levava a disputas agressivas. O cálculo das datas do solstício exigiam um conhecimento de astronomia que apenas membros das famílias mais poderosas podiam adquirir, de modo que, se uma família Nuxalk de posição mais baixa mostrasse que o astrônomo da família mais importante cometera um erro de cálculo, aquilo era considerado uma tentativa de golpe.

Ao nos distanciarmos dessas questões mesquinhas de hoje, chegamos a um motivo plausível para o desenvolvimento do monitoramento do reino celestial no período Paleolítico Superior: eram disputas por status na Terra. Esse argumento foi proposto em 2011 por Brian Hayden e Suzanne Villeneuve, da Universidade Simon Fraser, na Colúmbia Britânica, Canadá, em seu artigo *Astronomy in the Upper Paleolithic?* [Astronomia no Paleolítico Superior?], e oferece uma resposta poderosa (e inegavelmente humana) a *por que* estudamos o céu noturno.[10]

Para aceitar o motivo sociopolítico do nosso interesse astronômico, tudo o que temos a fazer é aceitar que tais cerimônias têm sido uma característica das sociedades de caçadores-coletores ao longo da existência humana. Para sustentar essa hipótese, há outro aspecto do comportamento moderno do caçador-coletor que é uma reminiscência direta de sítios arqueológicos do Paleolítico Superior em todo o mundo: o uso de cavernas como lugares sagrados para a astronomia.

Em setembro de 1940, o adolescente francês Marcel Ravidat explorava bosques perto do vilarejo de Montignac, na região da Dordonha, sudoeste da França, quando descobriu a entrada para um conjunto de cavernas pré-históricas que se tornariam uma sensação mundial e manteriam arqueólogos ocupados até os dias de hoje. Eram as cavernas de Lascaux, que foram declaradas Patrimônio Mundial da Unesco por um bom motivo.

Ao final de uma passagem profunda na entrada, abre-se uma série de câmaras cobertas por impressionantes pinturas de animais. Após uma investigação meticulosa, arqueólogos deduziram que essas pinturas foram produzidas por um esforço coletivo ao longo de muitas gerações, cerca de dezessete mil anos atrás.

Elas estão longe de serem as únicas. Encontramos arte rupestre no mundo inteiro, que pode remontar a dezenas de milhares de anos ou à aurora da revolução humana. As representações de animais tendem a dominar o cenário, assim como os estênceis de mãos; esses estênceis eram criados quando um indivíduo colocava a mão contra a parede da caverna e espirrava sobre ela algum pigmento, para criar uma espécie de silhueta na rocha. Curiosamente, apesar de estênceis de adultos e crianças serem uma característica comum, as cavernas em si não costumam conter artefatos relacionados à habitação de longo prazo. Logo, não eram lares em que famílias viviam, mas lugares que as pessoas visitavam por motivos variados.

Na virada do milênio, a pesquisadora independente Chantal Jeguès-Wolkiewiez sugeriu que as cavernas de Lascaux não foram escolhidas aleatoriamente como local para as obras de arte que contêm. Ela mostrou que Lascaux e cavernas semelhantes em Bernifal, França, são invadidas por raios solares ao pôr do Sol em um único dia do ano: o solstício de verão.[11] Talvez, argumentou Jeguès-Wolkiewiez, as cavernas fossem visitadas nessa data para que se pudesse realizar uma cerimônia especial ou sagrada. Estudos etnográficos de caçadores-coletores modernos conferem peso a essa interpretação.

Os modernos especialistas em calendário da etnia Chumash, do sul da Califórnia, formaram uma sociedade de elite. Conhecidos como 'antap, eles preservam o conhecimento astronômico e o protegem das outras pessoas. Membros do 'antap passam seu conhecimento secreto para jovens iniciados escolhidos a dedo, em cerimônias e rituais elaborados que acontecem em cavernas especiais, decoradas com arte rupestre. Essas cavernas também são aquelas em que o Sol invade a entrada apenas no solstício de verão. E os Chumash não estão sozinhos nessa.

Em uma caverna no Wyoming, os nativos americanos da etnia Crow pintaram a imagem de um bisão em uma parede iluminada apenas no solstício de inverno, quando os Crow iniciam suas orações por uma temporada bem-sucedida de caça ao bisão. Em suma, parece que alguma espécie de elite ou sociedade secreta que gira em torno de conhecimentos astronômicos e relativos ao calendário faz parte das sociedades complexas de caçadores-coletores.

Tornar-se membro dessas sociedades secretas depende de o indivíduo ser poderoso e bem relacionado na comunidade. Também depende da possibilidade de ele pagar pela adesão. Aos poucos a sociedade acumula riqueza e poder na comunidade. Então, em determinado momento, algo deveras fascinante acontece. A sociedade passa a cercar suas atividades de certo misticismo, o que enaltece ainda mais o seu papel e sua importância para a comunidade que auxiliava no início. Conforme esse misticismo cresce, os papéis são invertidos, até que a comunidade passa a trabalhar para a elite. Ao propor essa hipótese, Hayden e Villeneuve denominaram "enaltecedores" os indivíduos dessa elite. Escreveram: "Enaltecedores são indivíduos que buscam sistematicamente promover seus próprios interesses acima dos de outros membros da comunidade e costumam empregar uma variedade de subterfúgios ou estratégias para atingir essa finalidade".[12]

E tudo começa quando uma comunidade de caçadores-coletores torna-se suficientemente bem-sucedida para produzir excedentes. Isso permite que esforços sejam depositados em outras coisas, além da mera sobrevivência, e alguns indivíduos percebem nisso uma chance de se beneficiar.

Apesar de, à primeira vista, parecer uma explicação cínica para a razão subjacente às nossas observações históricas do céu noturno, ela também descreve o *momento crucial* de nossa relação com ele. Ou seja, acontece quando projetamos nosso encanto às estrelas. Ao atribuir propriedades místicas especiais ao céu noturno, os primeiros humanos o marcaram como um reino diferente daquele encontrado na Terra, e que definiu o palco para a mitificação máxima do céu noturno, a qual estava por vir: a religião.

2
A INVENÇÃO DO PARAÍSO

Encontramos locais de adoração no mundo inteiro: mesquitas, igrejas, sinagogas, templos. Habitualmente, eles compõem o núcleo de uma comunidade, tanto social quanto geograficamente. São lugares onde as pessoas se reúnem para celebrar um conjunto de crenças compartilhadas que dão sentido ao mundo ao seu redor e à vida que nele levam.

Crenças religiosas se baseiam em alguma espécie de "reino oculto", algo que não podemos ver diretamente, mas que promete que uma ordem fundamental permeia os eventos aparentemente aleatórios pelos quais passamos. Desse modo, a religião fortalece o vínculo entre os vários membros da comunidade por meio de um conjunto de valores comuns e uma estrutura tácita que dá ordem às suas vidas.

Nos dias de hoje, são praticadas mais de quatro mil religiões. Muitas são complexas estruturas de crenças, que requerem interpretação especializada, mas as primeiras religiões eram muito mais simples. Como animais e plantas, elas evoluíram para formas mais complexas ou extinguiram-se. O filósofo americano Daniel Dennett avalia que centenas de milhares de religiões foram praticadas em um período ou outro na Terra.

As religiões mais simples podem ser encontradas nos grupos ainda existentes de caçadores-coletores. Esses grupos tendem a conceber alguma forma de respeito e adoração pelo mundo natural denominada "animismo" por antropólogos e filósofos do século XIX. O termo origina-se da palavra latina *anima*, que significa respiração, espírito ou vida, e, embora sua popularidade tenha passado por um processo de ascensão e queda, indica como povos indígenas se relacionam com a natureza.

O animismo gira em torno da crença de que "espíritos" permeiam tudo o que existe, de humanos e animais a plantas e objetos inanimados, como pedras. Quando uma árvore é cortada para virar material de construção ou um animal é morto para servir de alimento, esses espíritos, ou "almas", ficam perdidos. Então, animistas acreditam na necessidade de compaixão e respeito para com todos os elementos naturais.

Acredita-se que o animismo tenha predominado no pensamento ancestral. Originou-se de questionamentos a respeito do significado de estar vivo. Qual é a diferença entre humano, animal, planta e pedra? Como devemos nos relacionar com esses outros elementos naturais?

A conclusão, segundo o animismo, é de que toda a natureza está conectada por meio de "espíritos". A alma individual da menor gota de água e as estrelas mais distantes estão interligadas e formam uma única entidade universal. Perturbações ou eventos em um local ondulam para todas as outras partes – e, para "provar" essa teoria, esses povos se voltaram para os céus.

Hoje, sabemos que a Terra gira em torno de seu eixo a cada vinte e quatro horas, o que explica nossos dias e noites. Também sabemos que o planeta completa uma órbita em torno do Sol a cada ano. O fato de o eixo de rotação da Terra ser inclinado em 23,5° nos proporciona as estações. Porém, nossos ancestrais acreditavam que a Terra era o centro do cosmo e que todos os objetos celestes giravam ao nosso redor. Dessa perspectiva, tudo o que viam eram padrões de estrelas e planetas que se modificavam e mudanças simultâneas na Terra. As evidências arqueológicas mostram que eles decidiram estudar essas mudanças.

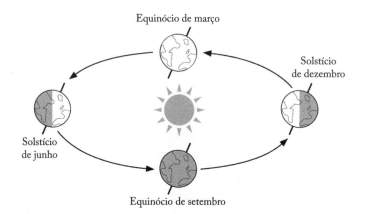

As estações são criadas pela localização da Terra em sua órbita, que determina a posição do eixo rotacional da Terra em relação ao Sol.

★ ★ ★

Em algum momento, entre 9.000 e 7.300 a.C., um grupo nômade de humanos encontrou ao acaso um lago na região onde atualmente encontra-se o deserto da Núbia, no Saara oriental. Chamado de Nabta Playa, seu clima era muito diferente do que é hoje. O lago se formava temporariamente a cada ano, após as chuvas de verão, e as planícies ao redor rebentavam em solo fértil. A julgar pelas relíquias arqueológicas, os humanos itinerantes cultivavam gado, o que fazia deles pastores, e não caçadores-coletores. Portanto, fazia sentido que Nabta Playa atraísse os grupos como local para repouso e onde o gado poderia pastar. É possível até que o lago sazonal tenha se tornado terreno de reuniões anuais para várias tribos e grupos.

Alguns artefatos deixam claro que o primeiro grupo a encontrar Nabta Playa não foi o último. Com o passar de séculos e milênios, outros grupos itinerantes convergiram ao local e, por volta de 7.000 a.C., quantidades cada vez maiores de agrupamentos estabeleceram-se por lá.[13]

Poços profundos, rodeados por aldeias constituídas por pequenas cabanas construídas em linhas retas, indicam que pessoas viviam lá o ano inteiro. Os restos orgânicos no solo mostram que os habitantes alimentavam-se de uma variedade de plantas selvagens, como grãos, legumes, tubérculos e frutas. Alguns séculos mais tarde, cabras e ovelhas aparecem nos registros arqueológicos. Evidentemente, o lugar era organizado e a comunidade seguia regras, caso contrário, jamais teria florescido. Em suma, iniciava-se a civilização. Então, algo desastroso aconteceu.

Há cerca de 7.500 anos, a região passou a ser assolada por secas intensas, o lago diminuiu, o deserto começou a invadir e a área foi abandonada. Os humanos retornaram ao local junto com as chuvas, um milênio depois. Porém, eram muito diferentes de seus predecessores. Praticavam rituais elaborados, como sacrificar gado e enterrá-lo em câmaras revestidas de argila, cobertas com amontoados de pedra. Isso é relevante porque a morte de um animal que poderia ser oferecido como alimento ao grupo é claramente algo que deve ser profundamente analisado. Até hoje os pastores africanos reverenciam o gado. Por ser fornecedor de leite, o gado é abatido apenas para marcar momentos decisivos na vida da comunidade. A prática é denominada "Complexo do Gado Africano". Então, de volta a Nabta Playa, sacrificar um animal deveria proporcionar algo aparentemente mais elevado do que a sobrevivência básica do dia a dia. Em outras palavras, era um ato religioso.

Adicionalmente aos sacrifícios, os habitantes ergueram grandes monumentos megalíticos dispostos em cinco linhas ao redor de um ponto central, como se fossem os aros de uma roda. Também construíram um círculo de pedras de quatro metros de largura, que consistia em quase quarenta pedras. Algumas eram planas e ficavam quase enterradas, outras foram posicionadas de pé, como dentes retorcidos que emergiam do deserto.

O sítio arqueológico de Nabta Playa foi descoberto ao acaso pelo antropólogo americano Fred Wendorf, em 1974. Diz-se que, durante uma longa e árdua travessia pelo deserto, Wendorf e seus colegas pararam em um lugar qualquer para repousar. Ao se aliviarem, perceberam fragmentos de cerâmica e outros artefatos espalhados pela areia.

No decorrer da década seguinte, os acadêmicos retornaram inúmeras vezes ao local para fazer escavações e elaborar uma teoria de como era a vida em Nabta Playa. A interpretação do local como centro cerimonial regional foi crucial para suas suposições, e os ossos do gado sacrificado forneceram a base para elas, assim como a descoberta do círculo de pedra, que Wendorf conclui ser um calendário circular. Ele teve de imaginar o aspecto original, pois muitos blocos estavam quebrados ou tombados, porém, ele estava confiante em sua reconstrução, a ponto de afirmar que as pedras formavam uma série de alinhamentos astronômicos.

Ele apontou para quatro pares de pedras maiores no círculo e referiu-se ao espaço estreito entre cada par como portão. Ele mostrou que a linha por dois desses portões apontava "mais ou menos para norte-sul" e que os portões dos outros dois pares apontavam para cerca de 70° a leste do norte, que ele identificou como ponto intencional para indicar o nascer do Sol no dia do solstício de verão, seis mil anos atrás.[14] Isso, combinado à descoberta dos sacrifícios de gado, sugere uma ligação antiga entre as práticas religiosas e a observação das estrelas.

O círculo de pedras de Nabta Playa é um dos mais antigos do mundo e, ao longo dos milhares de anos seguintes, a ânsia pela construção de lugares assim se espalhou com incrível velocidade. Existem milhares desses círculos – também conhecidos como *henges* – até hoje. São feitos de terra, madeira e pedra, consideravelmente distintos em tamanho e, sem dúvida, foram construídos por vários motivos diferentes. Porém, os que tendem a chamar nossa atenção situam-se em lugares como Nabta Playa e parecem estar associados a objetos ou eventos celestiais. Dentre eles, o mais famoso é o Stonehenge, no Reino Unido.[15]

Situado no condado de Wiltshire, Stonehenge é um lugar extraordinário. Tornou-se um ícone de cultura da Idade da Pedra e é visitado por cerca de um milhão de pessoas por ano. O monumento de pedra que podemos ver hoje data de cerca de 2.500 a.C., porém, o local tem uma história muito mais antiga, que remonta aos idos de 8.000 a.C. – quase a mesma época em que os núbios descobriram o lago em Nabta Playa. Vestígios arqueológicos mostram que uma comunidade vivia em Blick Mead, uma nascente a cerca de um quilômetro e meio do local. Os habitantes de Blick Mead são provavelmente os responsáveis pela construção do primeiro monumento, que era um alinhamento de três grandes estacas de madeira, cada uma com cerca de 0,75 metro de diâmetro. Elas foram colocadas próximas ao local onde o famoso círculo de pedras está hoje, dispostas de leste a oeste. Considerando-se o ciclo noturno de estrelas, que se inicia no leste e termina no oeste, parece altamente provável que esse povo atribuía significado ao céu.

Por volta de 4.000 a.C., o povo da região começou a construir valas circulares concêntricas conhecidas como pavimentos internos. Nessas valas, foram encontrados cerâmica e restos humanos, o que sugere que eram cemitérios. Outros tipos de cemitérios comuns, conhecidos como longas macas, também foram encontrados nas proximidades e datam desse período.

Cerca de mil anos depois, o primeiro trabalho foi iniciado no sítio central. Consistia em um aterro circular e uma vala, em cujo interior cinquenta e seis covas de rocha sedimentar com um metro de largura cada uma foram escavadas em um padrão circular semelhante. Os restos mortais cremados de sessenta e três indivíduos foram encontrados nessas covas, e há evidências de que pedras colocadas em pé foram usadas como lápides. Essas pedras permanecem no local, mas não marcam mais os túmulos de rocha sedimentar. Chamadas pedras azuis, são uma espécie de rocha diferente, transportadas por cerca de 240 quilômetros de Preseli Hills, no norte do País de Gales, para serem usadas em Stonehenge. O círculo se formou quando elas foram usadas como lápides, originando o primeiro monumento de pedra no local. É provável que houvesse também estruturas de madeira no centro do círculo, apesar de as relíquias arqueológicas não esclarecerem sua natureza.

Então, por volta de 2.500 a.C., o Stonehenge que conhecemos hoje começou a tomar forma. As gigantescas pedras sarsen que formam o icônico círculo chegaram. É possível que tenham sido extraídas de rochas que, oportunamente, as intempéries expuseram nos depósitos de calcário da região, ou talvez tenham sido extraídas propositalmente de Marlborough Downs, cerca de quarenta quilômetros ao norte. Há certeza apenas da dificuldade de transportar e erguer tais megálitos gigantescos. Cada um pesa cerca de vinte e cinco toneladas, tem dois metros de largura e cerca de quatro metros de altura, ou seja, são muito maiores que um ser humano.

Cerca de trinta sarsens permanecem de pé até hoje. A maioria marca um círculo incompleto com cerca de trinta e três metros de diâmetro. Isso já seria suficientemente impressionante, mas a *pièce de résistance* são os lintéis de pedra no topo. Hoje, seis lintéis estão posicionados no círculo externo.

Há uma ferradura interna de cinco trilithons, nome dado a cada par de pedras verticais com um lintel sobre elas. Três ainda estão de pé e um foi reerguido depois de cair, durante o século XVIII. Um dos outros trilithons caídos repousa no topo da "pedra do altar" central.

Entre as gigantescas pedras sarsen, encontramos as pedras azuis do círculo original. Apesar de a maioria ter caído ou estar danificada, foram movidas para espelhar a nova estética, formando um círculo concêntrico entre as sarsens e os trilithons e uma ferradura interna entre os trilithons e a pedra do altar.

Ao redor do círculo encontram-se cinco outras pedras sarsen. Quatro marcam os cantos de um retângulo que envolve os círculos de pedra e são chamadas de pedras de estação. A quinta é a Pedra do Calcanhar, que fica a nordeste do círculo, na direção para onde a ferradura de trilithon se abre. A Pedra do Calcanhar é o que mais chama a atenção em Stonehenge porque, uma vez dentro do círculo, ao amanhecer do dia do solstício de verão, o Sol nasce próximo – mas não sobre – ela. Esse desalinhamento pode ser explicado pelo fato de que havia, certa vez, uma pedra próxima, e o Sol nascia na abertura – o portão – entre as duas pedras.

O solstício de verão é o dia mais longo do ano. No hemisfério norte, acontece por volta de 21 de junho. A duração de cada dia varia ao longo do ano, a depender de como a posição da Terra em sua órbita se combina com a inclinação em seu eixo. Não importa onde a Terra esteja em sua órbita, o eixo sempre aponta na mesma direção. Durante os meses de verão no hemisfério norte, o eixo norte sempre se inclina em direção ao Sol e os dias tornam-se mais longos, conforme o Sol sobe mais alto no céu. Seis meses depois, quando a Terra está no lado oposto de sua órbita, o eixo norte aponta para a direção oposta ao Sol. Isso representa o período de inverno no norte, a altura do Sol é baixa e o os dias ficam mais curtos.

Conforme as estações mudam, os locais do nascer e do pôr do Sol no horizonte também mudam. No verão, o Sol nasce a nordeste e se põe a noroeste, o que permite que siga um caminho mais longo e mais alto no céu. No inverno, os locais do nascente e do poente mudam para sudeste e sudoeste, respectivamente, e o Sol não se posiciona tão alto no céu.

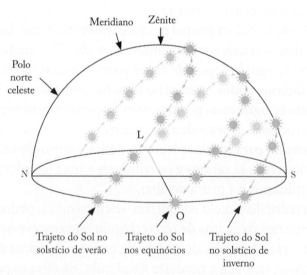

Durante os meses de verão, o sol segue um trajeto maior e em um ponto mais alto no céu, diferente do que acontece nos meses de inverno. [Importante lembrar que o autor refere-se às estações no hemisfério norte. (N. da T.)]

A palavra solstício vem do latim e significa o momento em que o Sol fica imóvel no céu. Nesse dia, o Sol sobe ao ponto mais alto possível e os dias tornam-se mais longos. Depois disso, o Sol não sobe tão alto e, seis meses depois, o dia mais curto acontece. Ao norte, esse evento de meados de inverno – o solstício de inverno – ocorre por volta de 21 de dezembro. O Sol atinge sua altitude mais baixa ao meio-dia, antes de começar a alcançar um ponto mais alto no céu novamente, dia após dia.

Em 1720, o antiquário inglês William Stukeley chamou a atenção da Era Moderna para a questão do alinhamento de Stonehenge com o solstício de inverno. Ao trabalhar durante o início da revolução científica (foi um dos primeiros biógrafos de Isaac Newton), Stukeley interessou-se pela ideia de que o enorme monumento não era apenas um local cerimonial, mas um observatório astronômico. Tal interpretação de Stonehenge culminou na década de 1960, quando o astrônomo britânico Gerald Hawkins usou um computador *mainframe* da IBM recém-inventado para analisar todos os eixos visuais em Stonehenge e verificar se havia outros alinhamentos celestes. Ele programou a máquina com um modelo de Stonehenge e os movimentos do Sol e da Lua ao longo do ano. Enquanto o computador executava o programa, surgiram dezenas de correlações. Ao verificar os resultados, Hawkins percebeu que os cinquenta e seis poços de calcário originais poderiam ter sido usados para prever os eclipses lunares; para isso, bastaria mudar os marcadores de buraco para buraco. Suas descobertas foram publicadas pela primeira vez na prestigiosa revista *Nature*, em 1963,[16] e depois com mais detalhes em um livro intitulado *Stonehenge Decoded* [Stonehenge decodificado], em 1965.[17] Muito provavelmente inspirado pelo fato de ter usado um computador para encontrar esses alinhamentos, ele propôs que a própria estrutura de Stonehenge poderia ser considerada um computador astronômico neolítico. Sua conclusão foi corroborada por outros astrônomos, incluindo o notório polemista Sir Fred Hoyle.

A crítica dos arqueólogos foi severa e imediata. Muitos declararam que o imenso número de eixos visuais verificados por Hawkins acabaria revelando alinhamentos inevitavelmente. Durante séculos, acadêmicos renomados e entusiastas amadores propuseram toda espécie de possíveis interpretações para Stonehenge. Na Idade Média, pensava-se que o lendário mago Merlin utilizava o local para fins mágicos e que um gigante construíra a estrutura. Em tempos mais modernos, encontramos sugestões de que as pedras foram erguidas para se criar um "laboratório" sônico, para se reproduzir o formato dos órgãos genitais femininos como símbolo de fertilidade e (talvez inevitavelmente) como uma plataforma de pouso para óvnis. Em 1967, no auge do debate sobre se Stonehenge servia como antigo observatório astronômico, a arqueóloga britânica Jacquetta Hawkes perdeu a paciência. Ela escreveu com desdém: "Cada era possui o Stonehenge que merece – ou deseja".[18]

Hoje em dia, para evitar a influência tanto de seus próprios vieses como dos modos de pensar modernos, os arqueólogos analisam as paisagens e estruturas dos arredores para sustentar suas hipóteses, quando inexistem evidências escritas. E, no caso de Stonehenge, isso propicia algumas ideias fascinantes.

A área agora é conhecida como Patrimônio Mundial de Stonehenge. Abrange 26,6 quilômetros quadrados e engloba mais de setecentos sítios e monumentos arqueológicos, dos quais mais da metade são túmulos. Então, obviamente o local é uma região funerária importante. Porém, não há dúvidas de que Stonehenge foi propositalmente alinhado com os solstícios.

Em 2013, o professor Mike Parker Pearson, do Stonehenge Project Riverside, anunciou os resultados de uma escavação na chamada Avenida Stonehenge.[19] Trata-se de uma área na qual há um par de margens e valas paralelas com cerca de doze metros entre si. A avenida se estende por cerca de um quilômetro e meio, para além da Pedra do Calcanhar, na direção do nascer do Sol no solstício de verão. Parker Pearson descobriu que, sob a avenida, havia cumes naturais que tinham sido esculpidos na paisagem pela água do degelo ao final da última Era Glacial, por volta de 9.700 a.C. A coincidência de que essas águas alinhavam-se com a direção do nascer do Sol no solstício de verão pode ser o motivo de os humanos pré-históricos terem desenvolvido Stonehenge como um local sagrado.

Seja qual for o motivo de estar localizada onde está, parece seguro afirmar que essa região extraordinária era um lugar de ritual e veneração dos mortos, que envolvia objetos celestes de uma forma ou de outra. Tal como acontece com Nabta Playa, tudo aponta para características religiosas. Contudo, sem registros escritos, sempre haverá espaço para a incerteza.

Para a primeira escrita, precisamos olhar para o leste. Em algum momento entre 5.500 e 4.000 a.C., nasceram as primeiras cidades no Crescente Fértil. Esse trecho curvo de terra tem início no Golfo Pérsico e segue com os rios Tigre e Eufrates até o Mar Mediterrâneo. Em seguida, corre pela costa oeste, ao longo do Levante, até a África, e de lá circunda o Nilo.

Esses vales fluviais eram férteis porque as enchentes anuais deixavam para trás um solo rico em nutrientes, no qual cresciam naturalmente plantas e vegetais que serviam de alimento. Para aproveitar esses recursos abundantes, povos estabeleceram-se na área permanentemente. À medida que se tornavam cada vez melhores em cultivar as plantas que antes surgiam naturalmente e cuidar para que crescessem, os povos desenvolveram a agricultura, o que lhes conferiu um certo domínio sobre a terra. A permanência de seus assentamentos permitiu que esses povos desenvolvessem as estruturas sociais complexas que hoje reconhecemos como as primeiras instâncias da civilização urbana.

Muitos locais na região desse crescente fértil se desenvolveram independentemente uns dos outros. Um dos mais relevantes foi a Suméria. Assentados entre o Eufrates e o Tigre, na Mesopotâmia (hoje sul do Iraque), os sumérios foram os primeiros a desenvolver a escrita. Nos símbolos triangulares de sua escrita cuneiforme, encontramos os primeiros textos religiosos, que estão inextricavelmente conectados ao céu noturno.

O Hino do Templo de Kesh foi escrito em tábuas de argila pelos escribas sumérios já em 2.600 a.C. Nenhuma tábua contendo todos os 134 versos do hino sobreviveu até os dias de hoje, portanto, as traduções modernas foram feitas a partir de fragmentos reunidos de diferentes tabuletas encontradas em diversos sítios arqueológicos sumérios. Essas tábuas foram datadas e têm cerca de oito séculos de diferença entre si. A notável consistência na sobreposição dos textos mostra que eram consideradas trabalhos importantes, tendo sido copiadas quase literalmente durante quase um milênio.

Primeiro, o hino derrama-se em elogios à cidade de Kesh e seu enorme templo. Compara-o à Lua no céu: um farol brilhante contra um fundo escuro. Sugere que o templo seja uma conexão terrestre que alcança o céu e desce ao submundo, e declara que Enlil, a principal divindade da religião suméria, apontou o templo como local divino durante a criação do mundo. Em seguida, exalta os rebanhos de propriedade do templo – um sinal de grande riqueza – e finalmente fornece mais histórias sobre a criação do mundo e sobre quão grandioso é o templo. O verso 125 pergunta: "Alguém criará algo tão grande quanto Kesh?".

Repetida sem questionamentos conforme o hino era infinitamente copiado, essa história celebrava Kesh como um lugar especial de pessoas escolhidas. E o próprio templo foi identificado como o melhor lugar para contemplação do céu noturno e seu significado. Aqui verificamos perfeitamente o tipo de autoenaltecimento que caracterizou as sociedades secretas dos caçadores-coletores: a própria cidade é considerada um lugar escolhido pela sua conexão com os céus, isto é, o céu noturno.[20] E funcionou. A cidade ganhou grande status e atraiu habitantes de vários lugares. As pessoas que administravam o templo enriqueciam e tornavam-se poderosas porque o estabelecimento possuía vastas áreas de terra nas quais as plantações cresciam. Ele concedia empréstimos, empregava cidadãos e se mantinha como uma espécie de câmara de compensação de transações mercantis.

Fato ainda mais significativo, um mito de criação associado ao céu noturno está completamente imbricado na flagrante autopromoção encontrada no hino. O Universo é claramente descrito como um reino divino associado à Terra, mas totalmente diferente dela. Durante a criação do mundo, diz-se que Enlil separou a Terra e o céu. Ao fazer isso, tornou a Terra habitável para os humanos e reivindicou-a como sua. A deusa An tomou posse do céu, mas apenas Enlil manteve a conexão, ou "corda de amarração", entre os dois reinos, porque ele é o ar do qual as estrelas e planetas entre o céu e a Terra são feitos.

Claramente, as religiões do terceiro milênio a.C. eram extremamente bem desenvolvidas. São repletas de complexidade e sutileza e espalham-se por entre povos, o que indica que não eram invenções novas. Já vinham se desenvolvendo há tempos e os registros escritos as capturaram já em pleno voo. Sabemos disso porque, nos séculos e milênios seguintes, impérios como o Assírio, o Acádio e o Babilônico surgiram e ruíram naquela região. Cada um deles adaptou a religião do outro. Por exemplo, na Babilônia, os poderes de Enlil foram associados ao deus Marduk.

Porém, essas várias mudanças são majoritariamente estéticas, e o alicerce da crença mesopotâmica permanece inalterado: ao criar o mundo e tudo o que há nele, inclusive nós, os deuses criaram ordem a partir do caos e incorporaram-se à natureza. E isso é importante porque significa que, quando o vento sopra ou um eclipse acontece, estamos diante de manifestações da vontade divina.

Desse ponto de vista, a religião suméria – e as religiões de outras culturas mesopotâmicas – é uma tentativa inicial do que podemos chamar de "ciência". Hoje, costumamos retratar ciência e religião como forças opostas; porém, na Suméria, a religião surgiu do desejo de entender por que as coisas aconteciam no mundo. Foi um processo de pensamento racional sustentado pelo pressuposto de que seres sobrenaturais criaram o Universo. E, ao se estudar esse Universo, seria possível obter um vislumbre dos deuses.

Como as estrelas e as estações sugeriam, o Céu e a Terra eram "reinos-espelho", um povoado por deuses e o outro, por humanos – semelhantes, mas diferentes. E ambos separados por um abismo impossível de ser cruzado pelos humanos. Porém, na florescente civilização do Egito por volta dessa época, as ideias começaram a mudar.

A antiga civilização egípcia criou raízes firmes no Vale do Nilo por volta de 3.100 a.C. Seus primeiros escritos datam desse período e incluem textos religiosos que também interpretam o céu noturno como a casa dos deuses. Sua descrição mais antiga do céu noturno é representada por um enorme falcão estendido sobre ele. Os olhos do pássaro eram o Sol e a Lua, as manchas brancas em seu peito e barriga eram as estrelas e os ventos da terra eram criados pelo bater de suas asas. O deus Hórus, uma das divindades egípcias associadas ao céu, era frequentemente retratado como um homem com cabeça de falcão.

Os egípcios também propuseram explicações para a ocorrência de eventos celestes, como o dia e a noite. De acordo com a lenda, Rá, o deus-Sol, viaja em uma barcaça celestial pelo céu durante o dia.

Ele, então, se transfere para uma segunda barcaça e move-se sem ser visto pelo submundo à noite, retornando do lado oposto do céu a tempo de viajar novamente na manhã seguinte.

Os egípcios tinham tantas histórias religiosas associadas ao céu noturno que, às vezes, uma contradizia a outra. Por exemplo, uma das divindades celestes mais importantes do Egito Antigo era Nut. Como deusa do céu noturno, ela era, às vezes, retratada como uma vaca sagrada e, às vezes, como uma mulher nua. Em ambas encarnações, ela se estende pelo céu com a cabeça a oeste. As estrelas não são mais manchas brancas em um pássaro, mas aparecem na barriga de Nut, e a barcaça de Rá atravessa seu torso durante o dia. Segundo essa interpretação, Nut engole Rá ao pôr do Sol. Então, durante a noite, ele viaja pelo corpo dela, e Nut dá à luz Rá no leste, ao nascer do Sol.

Embora tudo isso seja essencialmente uma reinterpretação de conceitos sumérios, os egípcios fizeram uma mudança relevante que ecoa até hoje: a crença de que o céu noturno é o local de repouso final para as almas dos faraós mortos.

Na Suméria, acreditava-se que o céu noturno era o reino exclusivo dos deuses e a Terra, a morada dos humanos. Mesmo o rei era apenas um mortal. Contudo, segundo o pensamento egípcio, os faraós eram encarnações humanas dos deuses e, sendo assim, ascendiam ao reino estrelado após a morte. Isso estabelecia uma ligação entre humanos mortais e a vida após a morte em meio às estrelas, uma ideia precursora do conceito de paraíso celestial ou "Céu" para todos.

A crença na existência de vida após a morte estava profundamente enraizada na psique dos egípcios. Eles criaram um conjunto extraordinário de crenças, histórias, metáforas e rituais a respeito dessa ideia. No início, a intenção era a salvação eterna dos faraós, que eram enterrados em pirâmides cada vez mais elaboradas.

As mais conhecidas são as três pirâmides gigantes de Gizé. Sua construção começou por volta de 2.550 a.C., quando Khufu escolheu a região como local de seu descanso eterno. Sua pirâmide levou vinte anos para ser construída. Com cada um de seus quatro lados estendendo-se por 230 metros na base e com mais de 146 metros de altura, a pirâmide de Khufu é a maior das três necrópoles e foi a construção mais alta feita pelo homem por quase quatro milênios.

Perdeu a posição em 1092 para a Catedral de Lincoln, na Inglaterra, que alcança 160 metros.

Vários livros foram escritos sobre as pirâmides e seus possíveis alinhamentos com o céu noturno. Dessas várias suposições, a única indiscutivelmente verdadeira é a de que os quadrados das bases dessas três grandes pirâmides estão precisamente alinhados em norte-sul e leste-oeste. A famosa Esfinge encontrada no local também está voltada diretamente para o leste. Isso significa que o Sol nasce acima do cume no equinócio da primavera, por volta de 21 de março. Como os egípcios foram capazes de produzir construções tão precisas ainda é assunto de debate.

Hoje, se quiséssemos construir algo que aponta para a direção norte-sul sem uma bússola à mão, precisaríamos nos orientar com base em Polaris,[**] a estrela polar. Essa estrela brilhante fica muito perto da projeção do polo norte da Terra no céu. Conforme a noite avança e a Terra gira em torno de seu eixo, Polaris parece ficar parada enquanto todas as outras estrelas giram em torno dela.

Porém, na época do Antigo Egito do terceiro milênio a.C., o polo norte celeste estava longe de Polaris. Isso porque a Terra balança como um pião que gira lentamente, um fenômeno chamado precessão. São necessários 25.772 anos para o eixo de rotação da Terra completar um círculo completo. Por volta de 3.000 a.C., uma tênue estrela chamada Thuban, na constelação Draco, que tem apenas um quinto do brilho de Polaris, parou mais próxima ao polo. Alguns sugeriram que foi dali que os egípcios tiraram seus eixos de visão, o que parece uma possibilidade plausível, em seus céus mais escuros e não poluídos.

Em 2000, entretanto, a arqueóloga Kate Spence, da Universidade de Cambridge, no Reino Unido, usou um computador para observar a orientação do céu noturno que os construtores das pirâmides teriam visto acima de si. Duas estrelas suficientemente brilhantes saltaram aos olhos: Mizar, na Ursa Maior, e Kochab, na Ursa Menor. Essas duas estrelas situavam-se a distâncias quase idênticas do polo norte celeste e, conforme a noite avançava, circularam o polo como dois gatos que

---

[**] Essa estrela faz parte da constelação Ursa Menor, que só é visível no hemisfério Norte. (N. da T.)

se estudam antes de uma luta. Para os antigos egípcios, uma linha imaginária entre essas duas estrelas sempre passaria pelo polo norte.[21]

Para transformar isso no equivalente astronômico de um oleoduto, tudo o que precisavam fazer era esperar até que as estrelas estivessem em uma linha vertical ascendente a partir do horizonte. Isso aconteceria em algum momento todas as noites, por causa da rotação da Terra. Assim, Spence demonstrou que os astrônomos poderiam realizar verificações noturnas nos eixos de visão das pirâmides. A hipótese foi amplamente divulgada pela mídia, e houve muito debate entre egiptólogos e outros acadêmicos.

Porém, como sempre, uma vez que os construtores de pirâmide não deixaram nenhum registro escrito de seus métodos de construção e alinhamento, não podemos dizer com certeza se existe ligação verdadeira entre as pirâmides e o céu noturno. Contudo, quando verificamos o interior de outras pirâmides, a história muda drasticamente.

A menos de vinte quilômetros ao sul de Gizé encontra-se Saqqara, outro complexo de pirâmides. Apesar de não serem tão altas quanto as de Gizé, elas são notáveis por outros motivos. Em 1881, o egiptólogo francês Gaston Maspero investigava o local. Algo o atraiu para a pirâmide em ruínas de Unas e, enquanto outros examinavam apenas o seu exterior, Maspero encontrou a entrada para o interior. Abriu caminho pelos corredores escuros até encontrar a câmara mortuária. Um lindo sarcófago preto feito de basalto polido jazia sob um teto abobadado inscrito com estrelas. Mas foram as paredes, cobertas do chão até o teto por hieróglifos, que realmente chamaram sua atenção.

Quando as traduções foram concluídas, os arqueólogos leram sobre a perigosa jornada que a alma de Unas teria de fazer pelo submundo antes que pudesse ascender ao reino celestial e unir-se à procissão de Rá na vida após a morte. Isso era o equivalente a um manual de instruções para o faraó recém-falecido. Sua alma eterna se levantaria, leria as instruções e, em seguida, embarcaria em sua jornada rumo à imortalidade.

Em explorações subsequentes de outras pirâmides, foram encontrados mais exemplos desses "textos de pirâmide", mas o da tumba de Unas é o mais antigo de que se tem notícia, datado de cerca de 2.320 a.C. Falam do destino final do rei morto, que é se unir às

Ihemu-seku (estrelas imorredouras) ao norte do céu. Considera-se que são as estrelas mais próximas do polo norte celeste, visíveis durante o ano inteiro e conhecidas como estrelas circumpolares.

Apesar de o destino do rei ser as estrelas, o dos cidadãos comuns era menos glamuroso. Eles não ascendiam após a morte, mas passariam o resto da eternidade em um submundo sombrio ou em uma terra mística e fértil chamada Campos de Junco, onde continuariam a viver em uma realidade similar à de suas vidas terrenas. Porém, a divergência entre o destino dos faraós e o do povo começaria a diminuir com o passar do tempo no Egito Antigo.

A grande era das pirâmides e de estabilidade no Egito Antigo, conhecida como Antigo Império, chegou ao fim por volta de 2.180 a.C. Com o colapso iminente, governadores regionais começaram a acumular dinheiro e, com isso, poder. Chamados de nomarcas, transformaram suas administrações em posições hereditárias, o que permitiu que seus herdeiros obtivessem ainda mais influência e status. E passaram a exercer mais influência sobre o próprio faraó, que na época era Pepi II.

Evidentemente, Pepi II não era forte o suficiente para rechaçar os nomarcas, que discordavam e guerreavam uns contra os outros. Esse período caótico durou cento e vinte cinco anos; ao final, duas dinastias rivais que lutavam pelo controle do Egito surgiram. Um líder chamado Mentuhotep II saiu vitorioso e se tornou o primeiro faraó do Médio Império, mas o conflito teve um impacto profundo na maneira como os egípcios comuns percebiam os faraós, não mais considerados divinos e infalíveis. A disputa do período deixou claro que a posição não era exclusiva. Isso significava que os privilégios da vida faraônica – incluindo o lugar no céu – estavam ao alcance de qualquer um.

Por volta de 2.100 a.C., as tabelas estelares passaram a ser inscritas em tampas de caixão de madeira. Em 2.000 a.C., cerca de cinquenta anos após Mentuhotep II reunificar o Egito, escritos com padrão semelhante ao dos textos da pirâmide começaram a aparecer em túmulos comuns. Os textos de caixão, como foram batizados, eram claramente projetados para orientar o povo em seu destino celestial com os deuses. Esses textos aprimoraram-se no amplamente conhecido Livro dos Mortos, um conjunto de passagens funerárias bastante utilizadas durante o Novo Império do Egito, por volta de 1.550 a.C. No Livro dos Mortos, a viagem para o destino final da alma é iniciada com uma série de feitiços aos quais a pessoa recém-falecida deve aderir. Mas há um problema: nem todos são admitidos no reino celestial.

O feitiço 125 narra a cerimônia da "pesagem do coração". É a primeira descrição na história de um suposto julgamento feito pelos deuses após a morte, para decidir se a alma de um indivíduo merece um lugar no céu ou não. O submundo egípcio é chamado de Duat, e os recém-falecidos são levados até lá por Anúbis, o deus da mumificação e da vida após a morte. Na presença de Osíris, o deus do submundo, a pessoa deve provar que viveu uma vida livre de pecados, desde os hediondos até os praticamente inevitáveis. A lista inclui: roubo, assassinato, bruxaria, adultério, libertinagem, calúnia, xingamento, escutar conversas sem autorização e erguer a voz.

Para comprovar a exatidão das declarações, o coração do falecido é pesado pelos deuses em uma balança contra uma pena de avestruz, uma personificação da deusa Maat, que representa a verdade, o equilíbrio, a lei e a moralidade. Se o coração estiver carregado de pecado e for mais pesado que a pena, uma temível criatura chamada Ammit – parte leão, parte hipopótamo, parte crocodilo – o devorará, condenando o falecido a vagar pelo submundo por toda a eternidade.

Se o coração não pesar mais que a pena, então o falecido poderá se unir a Rá em sua barcaça celestial. Em versões do mito em que as almas dignas conquistavam seu lugar nos Campos de Junco, a vida após a morte paradisíaca tornava-se cada vez mais associada ao céu noturno. Tornou-se parte da história que os habitantes dos Campos de Junco poderiam ser convocados a reinos celestiais para defender Rá contra as forças das trevas. Dessa maneira, a vida após a morte foi democratizada, embora nem todos pudessem alcançá-la.[22] Essa história também representa a invenção de deuses "nobres" ou moralizantes – aqueles que nos julgam em nossa morte e decidem se ocuparemos um lugar no céu. E, nessa história, há uma ligação com o céu noturno ainda mais explícita do que o simples conceito de paraíso.

Maat era também a deusa das estrelas e das estações na Terra. Ela personificava as ações das divindades que regiam a criação. Coincidentemente ou não – nunca saberemos –, a ligação religiosa do destino dos mortos com as estações parece refletir o que se praticava em Stonehenge: a veneração aos mortos e, ao mesmo tempo, o mapeamento da passagem de uma estação para outra. Era assim que os povos antigos encaravam a morte: a passagem de uma estação – um estado que transmuta em outro? Certamente parece possível, e proporcionaria outro motivo para se continuar a pesquisa do céu noturno, com o intuito de dar significado às nossas vidas terrenas.

De acordo com o psicólogo Ara Norenzayan, da Universidade da Colúmbia Britânica, no Canadá, a crença em um deus julgador não surge por acaso, mas serve como meio de promover a cooperação em uma civilização em crescimento, que precisa trabalhar em conjunto para o bem comum. A motivação para a cooperação é clara: siga as regras nesta vida e será recompensado na próxima.[23]

Mas o que deu início às civilizações? Segundo o pensamento tradicional, o catalisador foi a agricultura. Grupos de humanos não vagavam mais pela terra, caçando feras selvagens ou conduzindo gado de um pasto para outro. Em vez disso, estabeleceram-se e cultivaram a terra. No Egito, essa mudança foi impulsionada pela inundação anual do Nilo, que tornava fértil o solo às suas margens. Aos poucos, mais povos passaram a viver juntos e formaram as primeiras cidades, e com essa mudança surgiram deuses julgadores como Maat para manter todos em harmonia.

A transição para a agricultura é conhecida como Revolução Neolítica, termo cunhado pelo arqueólogo australiano Vere Gordon Childe, em 1924.[24] Na verdade, ela aconteceu gradualmente, ao longo de muitos séculos, e não de maneira rápida, como a palavra revolução pode indicar. Vários motivos para o surgimento da agricultura foram sugeridos por acadêmicos ao longo dos anos, e seus argumentos costumam se concentrar nas mudanças climáticas naturais. O próprio Childe defendeu a hipótese de que a terra se tornou seca e hostil, o que obrigou as pessoas a viverem juntas, em torno de oásis e rios. Uma ideia similar conecta a extinção em massa da vida selvagem, causada pela chegada de um clima quente, à transição da caça para o cultivo. Em todos esses casos, os humanos são obrigados, por forças além do seu controle, a adaptar suas estratégias de sobrevivência ou morrer. Mas um sítio arqueológico recentemente descoberto na Turquia sugere algo muito diferente.

Göbekli Tepe, no Sudeste da Turquia, foi descoberto em um esquadrinhamento da área realizado durante os anos de 1960, mas apenas em meados da década de 1990 as escavações se iniciaram. Sob a liderança de Klaus Schmidt, do Instituto Arqueológico Alemão, estudiosos começaram a desvendar esse local extraordinário. Datado de 9.500 a 9.000 a.C., é o exemplo mais antigo de arquitetura monumental do mundo, construído cerca de oito mil anos após as pinturas das cavernas em Lascaux e cinco mil anos antes de as primeiras cidades serem fundadas em solo fértil.

Göbekli Tepe consiste em pelo menos vinte estruturas circulares, a maior com cerca de trinta metros de largura. Cada uma é delimitada por enormes pilares de pedra em forma de T, com cerca de dois metros de altura. Apenas alguns dos círculos de pedra foram descobertos até o momento e, diferente das sarsens irregulares de Stonehenge, esses pilares foram primorosamente esculpidos com representações de animais, muitas vezes em posição de ataque. No centro de cada círculo, posicionam-se dois megálitos maiores, com altura de quatro metros, formando uma linha de visão na direção do céu.

Ao executar o que hoje se considera uma prática comum, Giulio Magli, da Universidade Politécnica de Milão, investigou qual seria o aspecto do céu noturno sobre Göbekli Tepe do ponto de vista dos construtores do templo. Uma coisa chamou sua atenção.

Sirius é a estrela mais brilhante do céu noturno. É ofuscada apenas pelo Sol, a Lua e os planetas Vênus e Júpiter. Mesmo nos céus de hoje, poluídos por luzes artificiais, é um ponto inconfundível. Porém, não seria sempre visível da Turquia pré-histórica. O ciclo de precessão de 25.772 anos altera a localização do norte no céu, e isso faz com que as estrelas surjam e se ponham em horários diferentes. Algumas estrelas desaparecem completamente de vista durante partes do ciclo e ressurgem apenas séculos ou milênios depois. Sirius foi uma dessas estrelas, e o que chamou a atenção de Magli foi que ela voltou a ter visibilidade no sudeste da Turquia por volta de 9.300 a.C., justamente na época da fundação do templo.

Ele sugere que o retorno de Sirius ao céu capturou tanto a imaginação das pessoas que elas ergueram o templo para seguir o "nascimento" dessa estrela no céu noturno. Além disso, ele acredita que o motivo de haver mais de um círculo seriam os esforços de se rastrear a estrela. Com o passar dos séculos e o surgimento de Sirius em diferentes posições no horizonte, aqueles que iam ao local de tempos em tempos construíam um novo círculo para acompanhar o movimento da estrela. Dos anéis escavados até hoje, três parecem se alinhar com a posição ascendente de Sirius em 9.100 a.C., 8.750 a.C. e 8.300 a.C.[25]

Hoje, a paisagem é um deserto árido, mas, no período de criação do templo, a área teria sido rica em plantas, campos de trigo selvagem e animais espalhados pelo pasto. A primeira impressão sugeria um lugar privilegiado para se estabelecer. Mas as evidências arqueológicas contam uma história diferente: os círculos de pedra são as primeiras construções do local. Não havia assentamento prévio, nenhuma cidade que, durante seu desenvolvimento, teria construído um local conveniente de adoração. E a evidência decisiva para essa interpretação pode ser encontrada nos ossos de animais espalhados pelo local.

O arqueólogo belga Joris Peters estudou mais de 100 mil fragmentos ósseos de Göbekli Tepe. Muitos aparentam ser de animais caçados, abatidos e cozidos, mas o importante é que todos são ossos de espécies selvagens. Segundo Peters, isso sugere que caçadores-coletores construíram esse lugar com o único propósito de adoração religiosa, e não para assentamento.[26]

Göbekli Tepe pode ter sido originalmente um local de encontro anual entre grupos nômades e tornou-se mais importante assim que Sirius foi localizada no horizonte. Sem dúvida, tempo e esforços consideráveis foram investidos na construção de cada círculo de pedra. Cada pilar chega a pesar dez toneladas. Apesar de as pedras terem sido extraídas de penhascos próximos, centenas de pessoas tiveram de ser empregadas para transportá-las e erguê-las em cada círculo. A necessidade de haver tantas pessoas disponíveis por longos períodos de tempo pode ter levado à formação de acampamentos semipermanentes que, por fim, tornaram-se os assentamentos que os arqueólogos de hoje encontram nos arredores do local.

Isso refuta a ideia de que a vida nas cidades e a civilização proporcionaram o tempo livre necessário para a construção de estruturas não relacionadas à mera sobrevivência: ou seja, locais cerimoniais. Em vez disso, sugere que a construção de um local para rituais possivelmente dedicado ao céu noturno foi um dos catalisadores do assentamento urbano, porque atraiu pessoas para a região. Na verdade, antes de sua morte, em 2014, Schmidt chegou à conclusão de que Göbekli Tepe era um lugar de refúgio. Se isso for verdade, a conclusão é impressionante: nosso fascínio primitivo pelo céu noturno e a esperança de que ele possa responder a perguntas sobre a existência ajudaram a criar a civilização.

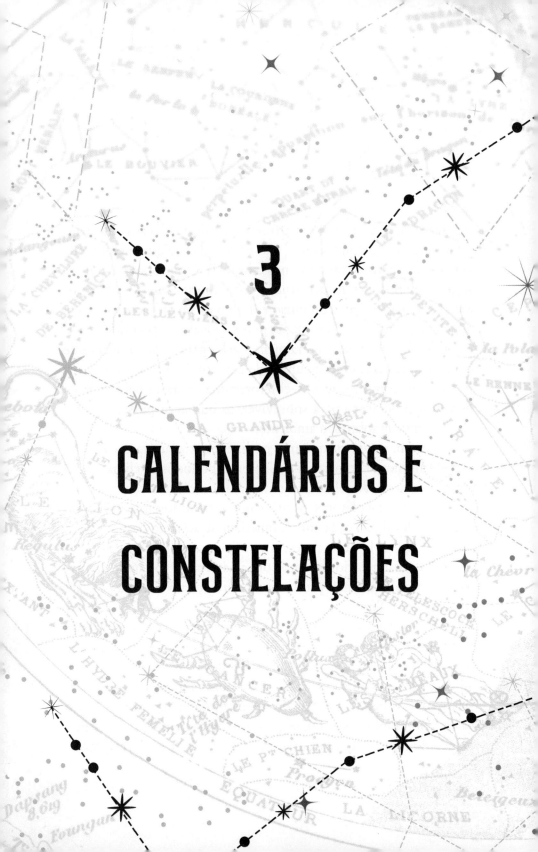

3
CALENDÁRIOS E CONSTELAÇÕES

Apesar de não sabermos ao certo se a agricultura foi causa ou efeito do assentamento comunitário, não há dúvidas de que o cultivo de gêneros alimentícios mudou a nossa história. O antropólogo francês Jean-Pierre Bocquet-Appel estudou restos mortais em 133 cemitérios antigos, remanescentes do início e do fim da revolução neolítica, e concluiu que houve uma explosão populacional nesse período.[27] Essa explosão foi sustentada (literalmente) pelas grandes quantidades de comida adquiridas com o cultivo de gêneros alimentícios. Em vez de viverem como caçadores-coletores que vagavam pela região e dependiam do acaso para sobreviver, os humanos passaram a ter algum controle sobre seu ambiente.

Porém, um fator que não podiam controlar era o clima. A agricultura surgiu com um risco inerente: períodos de clima severo capazes de arruinar colheitas inteiras. Ao contrário de seus antepassados caçadores-coletores, os primeiros agricultores fixavam-se em um único local e, a cada ano, submetiam-se ao risco de proteger e fazer com que as lavouras florescessem. Como resultado, a agricultura redefiniu nosso relacionamento com a natureza e nos ajudou a realizar uma avaliação mais profunda do céu noturno e de sua possível relação com a Terra.

Como vimos, os vários *henges* e outros monumentos da pré-história serviam a um propósito duplo: eram lugares de veneração e de observação do céu. Após a revolução neolítica, veneração tornou-se adoração e, em seguida, religião organizada; da mesma forma, a observação dos solstícios desenvolveu-se por completo na criação do calendário. Porém, esses dois eventos não ocorreram separadamente. De acordo com as ideias do animismo – de que o céu e a Terra estavam unidos de forma espiritual –, os calendários foram originalmente desenvolvidos para fins religiosos.

O primeiro calendário formal encontrado em registros arqueológicos vem da Suméria e data do segundo milênio a.C. É conhecido como o calendário Umma de Shulgi, um rei sumério que viveu em Ur, cidade-estado localizada onde hoje se encontra o Iraque. Conforme descrito no capítulo anterior, os sumérios acreditavam que os deuses criaram a Terra e o Universo ao gerar a ordem a partir do caos. Segundo a história, os deuses criaram os humanos misturando o sangue de um deus morto e argila. Fizeram isso para que os humanos realizassem na Terra o trabalho que os deuses estavam cansados de fazer. Assim, com o trabalho confiado a mãos humanas, os deuses passaram a levar vidas de lazer, tomando a forma de vários objetos celestes e das forças da natureza.

Sendo esse o cerne da crença sumédia, a observação da natureza tornou-se a contemplação da ordem divina. Mapear as estações da Terra, a mudança das constelações durante o ano e as várias idas e vindas de outros corpos celestes significava identificar a vontade dos deuses. E a regularidade dessas idas e vindas significava que, com a criação do calendário, os sumérios seriam capazes de registrar seu grande projeto. Ele seria o equivalente a um livro sagrado.

Os sumérios basearam seu calendário na Lua. Um novo mês foi anunciado após o primeiro avistamento do nascer esguio de uma lua nova no horizonte, a oeste, logo após o pôr do Sol. O Rei Shulgi construiu o grande zigurate em Ur para que sacerdotes pudessem testemunhar o evento do topo de suas plataformas elevadas. Além disso, esse enorme edifício de pedra, com suas paredes colossais e escadas enormes, servia como sede de poder para sua administração e como santuário para a deusa suméria da Lua, Nanna.

Na época da ascensão do Império Neobabilônico ao poder, no século VII a.C., a origem do calendário havia sido consagrada em um mito de criação conhecido como Enuma Elish. Altamente influenciado por uma versão suméria anterior, o mito relata como o deus Marduk criou a ordem cósmica e se preparou para governar o céu, declarando que o imperador babilônico seria seu representante na Terra. Ao trabalhar para estabelecer essa ordem cósmica, diz-se que Marduk colocou a Lua no céu para que suas fases indicassem a passagem do tempo.

De fato, a Lua é um excelente ponto de partida para a subdivisão do ano devido ao seu ciclo de fases. Durante o curso de 29,53 dias, ela passa de um estado de absoluta obscuridade no céu até a iluminação total e vice-versa, reiniciando-se, então, o ciclo. As fases lunares são resultado da órbita da Lua ao redor da Terra somada ao fato de que ela não emite luz própria, mas reflete a luz do Sol. Conforme a Lua se move ao redor da Terra, seu ângulo em relação ao Sol muda a partir da nossa perspectiva, e vemos áreas maiores de iluminação. Na lua cheia, ela encontra-se na direção oposta ao Sol, e vemos um hemisfério completamente iluminado. A lua nova assume a posição quando a Lua se localiza na mesma direção do Sol. Nessa posição, nossa visão da Lua é bloqueada pelo brilho solar. Mesmo se pudéssemos vê-la, contemplaríamos apenas o seu lado escuro, pois o hemisfério apontado para nós estaria na sombra.

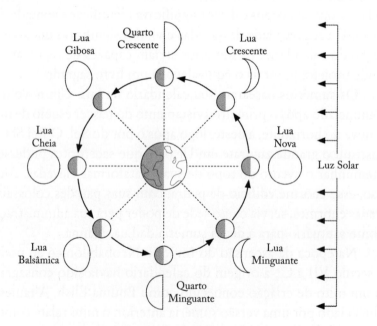

As fases lunares ocorrem por causa das diferentes posições que a Lua ocupa ao longo de sua órbita de um mês ao redor da Terra.

O mês terrestre equivale a um único ciclo de dia e noite na Lua. Diferentemente da Terra, que gira em torno de seu eixo uma vez a cada vinte e quatro horas, a Lua gira em torno de seu eixo apenas uma vez durante sua órbita ao redor do nosso planeta. Nem sempre foi assim, mas o campo gravitacional da Terra, que mantém a Lua em órbita, também perdeu sua capacidade de girar mais rápido. O fato de girar apenas uma vez durante sua órbita explica por que a Lua ficou limitada a sempre mostrar a mesma face para o nosso planeta. Assim, as fases lunares terrestres representam um dia e uma noite na Lua. Sete dias na Terra equivalem ao período do amanhecer ao meio-dia na Lua. Depois, um período semelhante para o pôr do Sol, seguido por uma noite de quinze dias.

Embora os calendários lunares sejam ótimos pontos de partida, não são ideais. A questão é que doze meses lunares (lunações) equivalem a apenas 354,36 dias, ou seja, a dez dias a menos que o período de um ano inteiro. Isso significa que um ano definido por doze lunações não apresentaria sincronismo com as estações, pois elas são definidas pela posição da Terra em relação ao Sol, e a Terra leva 365,25 dias para concluir uma órbita. Por esse motivo, por volta do século XVI, calendários estritamente lunares deixaram de ser usados para marcar o ano, mas continuaram a ser usados para marcar eventos religiosos. Até hoje, a sociedade islâmica usa um calendário estritamente lunar para definir as datas de rituais religiosos, incluindo o Ramadã, o mês de jejum, e o Hajj, a peregrinação anual a Meca. Como resultado, os rituais sempre começam dez dias mais cedo a cada ano.

Para conciliar um calendário lunar com o ano, é necessário empregar um sistema de meses bissextos. Essa solução é conhecida como calendário lunissolar. Nesse sistema, a desvantagem é que os anos têm uma duração variável. Normalmente, há dois anos com duração de doze meses lunares seguidos por um que contém treze lunações, o que elimina o déficit e ressincroniza o calendário com as estações. O calendário religioso judaico utilizado hoje é um calendário lunissolar, assim como o antigo calendário mesopotâmico. Após testar calendários lunares, os antigos egípcios desenvolveram um calendário baseado exclusivamente no Sol, e calendários solares são usados até hoje em quase todo o mundo. Mesmo em países islâmicos, calendários solares são usados para fins não religiosos.

★ ★ ★

No Antigo Egito, a identificação das estações se baseava na inundação anual do Nilo. Todos os anos, entre maio e agosto, uma gigantesca monção engolia as terras da Etiópia, ao sul do Egito. A água da chuva alimentava o lago Tana e, de lá, passava pelo chamado Nilo Azul até chegar ao rio Nilo. A inundação fazia com que o Nilo egípcio transbordasse e inundasse as terras baixas ao redor. Começava com um aumento contínuo no nível do rio em junho, que repentinamente aumentava em meados de julho e cobria as terras baixas com o solo fértil que possibilitava o cultivo. Esse ciclo natural de inundações – e suas incertezas inerentes – foi rompido apenas na década de 1970, com a conclusão da represa de Aswan High. Com poucas alterações nas condições áridas do clima durante o ano, os egípcios aproveitaram o ciclo para dividir o ano em três estações. O ano começava com Akhet, a estação da inundação, Peret, que era a temporada de crescimento, e Shemu, a época da colheita.

Por coincidência, havia um evento celestial previsível que correspondia à inundação anual, e os egípcios usavam-no para marcar seu ano-novo. Os céus quase sempre abertos do vale do Nilo possibilitavam que os povos ali estabelecidos identificassem facilmente os movimentos solares, lunares e estelares que ocorriam sobre eles. E o evento que chamou sua atenção envolvia Sirius – ou, como os egípcios chamavam, Sopdet.

O eixo de rotação inclinado da Terra faz com que, assim como no sudeste da Turquia, não seja possível ver Sirius do Egito durante o ano inteiro. Essa estrela passa setenta dias do ano abaixo do horizonte e, então, por puro acaso, retorna à visibilidade na época da inundação do Nilo. Parecia coincidência demais para se ignorar, e, como que para confirmar a aparente ligação entre os eventos terrestres e celestes, Sirius localiza-se nas proximidades da faixa enevoada da Via Láctea, que os Egípcios igualavam ao Nilo.

Visto que sua aparição anunciava o dilúvio, Sirius passou a ser associada a Ísis, a deusa egípcia do renascimento e do amor materno. Dizia-se que as lágrimas que ela derramava por causa de Osíris, o marido assassinado, enchiam a Via Láctea, e a inundação anual do Nilo era considerada a manifestação terrestre do retorno de suas lágrimas. Sirius também era associada à deusa egípcia Hathor, que simbolizava a fertilidade, e isso deu origem a um mito diferente sobre a inundação. Nesse mito, Hathor, representada como uma vaca que exibe Sirius entre seus chifres, é enviada por Rá para punir a humanidade por planejar uma insurreição contra suas normas. Enfurecida, Hathor passa a massacrar humanos indiscriminadamente, então Rá inunda a terra com cerveja de cor vermelha para evitar que ela mate a todos. Durante o massacre, Hathor confunde a cerveja com sangue, bebe o líquido e torna-se sonolenta e pacífica. Como o Nilo carregava sedimentos que o tornavam vermelho durante o dilúvio, passou a ser associado ao retorno da deusa.

Em 1890, o astrônomo britânico Norman Lockyer decidiu explorar o Egito. Estava intrigado com os relatos sobre alinhamentos celestes e, após pesquisar a região, supôs que o Templo de Ísis em Dendera fora construído para se observar o retorno de Sirius ao céu noturno.[28] Outro templo dedicado a Ísis está localizado na ilha de Philae, no Nilo. Nas proximidades encontra-se um templo em homenagem a Satet (uma deusa associada ao mito do dilúvio), que foi considerado o local onde os antigos egípcios aguardavam o retorno de Sirius para que declarassem o novo ano e se preparassem para a enchente.[29] Próximo de determinada época do ano, sacerdotes-astrônomos reuniam-se às primeiras horas da manhã para observar o leste do horizonte e aguardavam para ver Sirius antes que a luz do dia interferisse na visão. Na manhã em que avistavam a estrela, declaravam, então, o início do novo ano. Esse momento era chamado de ascensão helíaca de Sirius.

Cada estação egípcia era dividida em quatro meses de trinta dias. Cada mês era então dividido em três períodos de dez dias conhecidos como decanatos. Como doze meses de trinta dias resultam em um ano de 360 dias, um mês adicional de apenas cinco dias foi incluído no calendário egípcio para manter as estações sincronizadas com ele. A cada quatro anos, esse mês curto era estendido para seis dias, o equivalente egípcio ao nosso ano bissexto. Mas os egípcios também mantiveram seu calendário lunar para fins religiosos.

Os setenta dias durante os quais Sirius ficava abaixo do horizonte à noite também eram religiosamente importantes. Os egípcios consideravam que esse período representava a duração da jornada da alma até o submundo, portanto, o processo de embalsamento e mumificação do corpo antes do enterro não deveria durar mais do que ele.

Além de eventos religiosos, a astronomia também era usada para marcar o tempo por meio da subdivisão do dia em três grandes momentos astronômicos: nascer do Sol, meio-dia, pôr do Sol. Nossas modernas subdivisões do dia em vinte e quatro horas e da hora em sessenta minutos derivam das primeiras civilizações.

Relógios solares eram utilizados por volta de 1.500 a.C. em várias partes do Crescente Fértil. Em 2013, a placa de base de um relógio solar egípcio foi encontrada no Vale dos Reis por pesquisadores da Universidade da Basileia, na Suíça.[30] Desenterrado em uma área de cabanas de pedra usadas pelos operários que construíram os túmulos, o artefato é digno de nota porque o semicírculo desenhado na placa de base foi subdividido em doze segmentos mais ou menos iguais para delinear doze "horas" de luz do dia. A pergunta é: por que doze?

O uso de um sistema de contagem com base doze (duodecimal) foi estabelecido no Antigo Egito, e considera-se que isso aconteceu porque doze era o número de ciclos lunares em um ano. Se a natureza optara por dividir o ano em doze partes, então fazer o mesmo com o dia soava como uma elegante simetria.

À noite, sem Sol para guiá-los, os antigos egípcios definiram uma série de padrões identificáveis de estrelas, ou de uma única estrela brilhante, que procurariam no céu do oriente. À medida que cada padrão, conhecido como decanato, elevava-se, os astrônomos marcavam outra "hora" da noite. Esses decanatos podem ser considerados as primeiras constelações. Havia trinta e seis no total, e cerca de um terço era usado em qualquer noite para proporcionar doze horas aproximadamente iguais, independentemente da estação.[31] E é a partir dessa raiz antiga que encontramos a base da divisão do dia em vinte e quatro horas.[32]

Curiosamente, esses decanatos formam as tabelas estelares que foram pintadas no interior de tampas de caixão de madeira por volta de 2.100 a.C. Talvez tenham sido projetadas para ajudar os mortos a navegar até o paraíso. Muito mais tarde, no século II d.C., uma descrição do uso dos decanatos foi encontrada em papiros, em um documento chamado *Os fundamentos do Caminho das Estrelas*, que hoje é conhecido como O *Livro de Nut*, em homenagem à deusa do céu. Porém, as listas de decanatos encontradas nesses lugares diferem umas das outras e raramente são associadas a gráficos que representam seus padrões de estrelas. Isso torna difícil a identificação com as constelações modernas.[33] Contudo, nos vestígios arqueológicos de Dendera, cerca de sessenta quilômetros ao norte de Luxor, foi feita uma descoberta incrível.

O Templo de Hathor, em Dendera, foi descoberto no século XIX por Vivant Denon, um arqueólogo francês que acompanhou Napoleão durante as campanhas no Egito. Foi nessa época que os extraordinários tesouros culturais do Antigo Egito ganharam a atenção europeia. No teto do pórtico do templo havia um baixo-relevo com uma representação pictórica detalhada do céu noturno, incluindo os trinta e seis decanatos. Seria a primeira coisa que os visitantes veriam se olhassem para cima antes de entrar no templo. Hoje, são os visitantes do museu do Louvre, em Paris, que o veem, porque, apesar de Denon ter inicialmente se contentado em desenhar o extraordinário mapa celeste, ele enviou um cinzelador para o Egito, em 1820, com uma mala cheia de ferramentas e um pouco de pólvora, logo depois de se tornar diretor-fundador do Louvre. O equipamento foi usado na remoção do relevo, que foi então transportado para a capital francesa, onde permanece desde então.

Cada decanato é representado pela imagem de um deus em pé sobre um barco, rodeado por um pequeno padrão de estrelas – apesar de, em alguns casos enigmáticos, não haver estrelas ao redor da divindade. O barco é relevante porque é o símbolo usado pelos egípcios para representar o movimento das estrelas pelo céu noturno. Portanto, os próprios decanatos não são considerados constelações completas como as conceituamos hoje; em vez disso, cada um era uma configuração compacta de estrelas que ascendiam ao mesmo tempo. Esses asterismos parecem ser compostos de até quatro estrelas, mas infelizmente não são definidos o suficiente para serem associados com estrelas visíveis hoje.

Contudo, permitem que cheguemos a outras conclusões importantes. Primeiro, são mais um exemplo evidente da relação prática e religiosa entre a humanidade e o céu noturno. Em segundo lugar, os egípcios nomearam os decanatos figurativamente, e não descritivamente, e isso nos dá uma pista sobre os nomes das constelações que usamos hoje.

Costuma-se escrever que as constelações foram batizadas de acordo com o padrão que sugeriam. Embora não seja difícil ver um homem em Orion e um leão em Leão, é impossível perceber uma deusa em Andrômeda ou uma balança em Libra. E, embora Sagitário devesse ter o aspecto de um arqueiro (muitas vezes retratado como um centauro), na realidade, o padrão das estrelas se parece mais com uma chaleira – até mesmo astrônomos o chamam assim.

Ao nomearem os decanatos, no entanto, percebemos que os nomes figurativos que os egípcios deram a esses padrões de estrelas foram provavelmente um *aide-mémoire* para recordar o que era essencialmente um sistema de coordenação e cronometragem celestial. E isso nos leva à origem das constelações.

Nas cavernas de Lascaux, na França, as paredes são cobertas por quase seis mil imagens. Elas podem ser divididas em animais, humanos e símbolos. Dos novecentos ou mais animais, quase metade são cavalos, mas são os touros que chamam a atenção. Em uma parte da caverna, quatro auroques negros (o ancestral extinto do gado doméstico) tomam conta das paredes. Destes, o maior touro tem 5,2 metros de comprimento. Sobre seu ombro encontra-se um padrão de seis pontos que parece estranhamente familiar a qualquer observador do céu do norte. Assemelha-se a um aglomerado de estrelas que pode ser visto facilmente a olho nu. Conhecidas como Plêiades, são a única coleção claramente unida de estrelas no céu inteiro. Quando foram pintadas nas paredes da caverna, é possível que tenham sido vistas como arautos da primavera e do outono. Naquela época, eram visíveis à noite durante a primavera e caíam a oeste no momento em que o Sol nascia a leste. Porém, no outono, era possível vê-las apenas ao amanhecer, por um breve momento.

Mas a parte mais interessante da história é que, hoje, as Plêiades fazem parte da constelação que chamamos de Touro. Inclusive, encontram-se logo acima do ombro do touro, como acontece na pintura de Lascaux. Então, ao observarmos as estrelas hoje, quando olhamos para as Plêiades e imaginamos um touro celestial, passamos exatamente pelo mesmo processo de raciocínio do artista pré-histórico, cerca de dezenove mil anos atrás.

As Plêiades também estão representadas em um belo artefato arqueológico chamado Disco do Céu de Nebra. Encontrado em Nebra, Alemanha, data de aproximadamente 1.600 a.C. e consiste em um círculo de bronze com cerca de trinta centímetros de diâmetro. Sua pátina azul-esverdeada é incrustada com símbolos dourados que parecem ser representações de objetos celestes. Os mais óbvios são um círculo completo e um crescente, que representam o Sol e a Lua, e, entre eles, um agrupamento de estrelas que costuma ser associado às Plêiades. Embora o propósito astronômico exato do Disco do Céu de Nebra talvez nunca seja conhecido, o fato de que contém uma representação das Plêiades é, ainda assim, uma indicação clara da importância desse aglomerado de estrelas para os humanos antigos.

Dada sua natureza específica, não é surpresa que as Plêiades apareçam em muitos contos folclóricos associados aos primeiros povos. No entanto, o que parece impressionante demais para ser mera coincidência é que todos esses contos parecem estar relacionados. Povos aborígines da Austrália, da América do Norte e da Europa quase sempre identificam o conjunto como um grupo de mulheres. E frequentemente a história associada a ele mostra que elas são perseguidas por homens vigorosos. Uma das mulheres do grupo sucumbe e desaparece. Isso explica um mistério perene associado a esse aglomerado de estrelas: embora apenas seis delas possam ser vistas hoje a olho nu, elas costumam ser chamadas de sete irmãs.

A semelhança entre as histórias sugere que o conto foi criado antes que nossos ancestrais começassem a migrar pelo planeta. E isso significa que os humanos projetavam sua imaginação no céu noturno e contavam histórias sobre as estrelas dezenas de milhares – ou mesmo cem mil – anos atrás.

Da mesma forma, as estrelas ao redor das Plêiades costumam ser associadas a um touro. Para os antigos sumérios, era o "Touro do Céu", do épico de Gilgamesh, uma das as primeiras peças da grande literatura conhecida. Esses poemas épicos foram desenvolvidos ao longo dos séculos com base em contos folclóricos individuais de Gilgamesh. O touro surge quando nosso herói homônimo rejeita os avanços da deusa Inanna. Ferida pela rejeição, ela envia o touro para matá-lo. O animal fracassa depois que um aliado de Gilgamesh rasga-o ao meio e arremessa-o aos céus. Até hoje, Touro costuma ser retratado apenas como a metade frontal de um touro. Segundo os babilônios, as duas patas traseiras são encontradas nas constelações que hoje chamamos Ursa Maior (o Arado) e Ursa Menor.

Os sumérios também reconheceram Gilgamesh nas estrelas. Associaram-no à constelação que hoje chamamos de Orion, o caçador. Descreveram uma espada pendurada em seu cinto, como imaginamos sua encarnação moderna. Embora seja verdade que os padrões das estrelas na maioria das constelações não se pareçam com suas descrições, Orion é uma das exceções. Nessas estrelas brilhantes, é fácil imaginar uma figura utilizando um cinto e segurando um escudo ou um arco apontado para a constelação vizinha, Touro.

Histórias como essa ensejaram a ideia de que as constelações foram concebidas por povos antigos que contavam histórias ao redor da fogueira em seus assentamentos. Segundo essa hipótese do céu como "livro ilustrado", pastores, menestréis ou anciãos das aldeias observavam romanticamente o céu e criavam histórias para divertir e educar suas comunidades.

Embora algumas constelações, como as de Touro e do Arado, e constelações relacionadas aos mitos gregos, como as de Andrômeda, Cassiopeia e Perseu, possam ter surgido a partir da criação de mitos e histórias, os decanatos mostram que o agrupamento das estrelas em padrões identificáveis pode servir a um propósito prático, pois isso origina um sistema de coordenadas pictórico. Em nenhum lugar isso é mais óbvio que no zodíaco.

O zodíaco é um grupo de constelações que circundam todo o céu. O nome é derivado de um termo grego que significa "círculo de pequenos animais", embora nem toda constelação seja um animal. As constelações talvez sejam mais conhecidas como nossos "signos", pois astrólogos outorgaram-lhes significados especiais, como veremos no capítulo 10. Por ora, são importantes porque, como os decanatos, podem ser usadas como sistema de coordenadas pictóricas. As doze constelações zodiacais são Áries, Touro, Gêmeos, Câncer, Leão, Virgem, Libra, Escorpião,

Sagitário, Capricórnio, Aquário e Peixes. São definidas pela trajetória que o Sol, a Lua e os planetas percorrem no céu. Esses objetos celestes seguem mais ou menos o mesmo trajeto; a única variante é o ritmo em que progridem. Assim, o Sol, a Lua e os planetas podem ser localizados tomando-se como base a constelação zodiacal que eles estão cruzando em determinado momento. Por exemplo, Marte em Touro ou Júpiter cruzando de Sagitário para Escorpião.

Embora as doze constelações zodiacais não tenham sido totalmente definidas até por volta do século V a.C., o primeiro catálogo estelar da Babilônia conhecido, que data do século XII a.C., já incluía uma representação inicial do sistema. No MUL.APIN, um catálogo estelar da Babilônia de 1.000 a.C., o zodíaco é dividido em dezoito constelações, ou "estações", como são chamadas. O MUL.APIN merece destaque porque é muito mais do que uma simples lista de estrelas. Na verdade, é um manual que indica as horas e marca o progresso do ano com base no céu noturno. Lista constelações que nascem e se põem simultaneamente, pares de constelações em que uma nasce quando a outra alcança o zênite e os trajetos dos planetas e da Lua ao longo do zodíaco. Também contém informações sobre como ajustar o calendário para mantê-lo em sincronia com o nascer e o pôr de certas estrelas, como descobrir as horas com o uso da sombra de um bastão e como a duração da noite varia ao longo do ano.

Também chama atenção o fato de destacar quatro constelações zodiacais que marcam quatro pontos especiais do ano: MULGU4.AN.NA, o condutor do céu, ou, como a reconhecemos hoje, Touro; MULUR.GU.LA, o leão, que mantém o nome Leão na constelação; MULGIR.TAB, Escorpião; e MULSUḪUR.MAŠ, o peixe-cabra (Capricórnio). Os pontos que essas constelações marcam são o equinócio da primavera, o solstício de verão, o equinócio de outono e o solstício de inverno – os principais momentos do ano marcados em muitos dos monumentos megalíticos e cavernas da pré-história. Porém, na época do MUL.APIN, vemos que o céu noturno é usado para mapear os meses, semanas, dias e horas entre esses momentos importantes. Com base nesses primeiros avistamentos realizados durante a Idade da Pedra, desenvolveu-se um sofisticado sistema de cronometragem astronômica, com as constelações zodiacais em seu cerne, representado figurativamente para distingui-lo nessas observações.

Este frontispício para *Epitoma in almagesti Ptolemei*, de Johannes Müller von Königsberg (1436-1476), retrata o autor discutindo astronomia com Ptolomeu. Acima deles, a esfera celestial é marcada com as constelações zodiacais. (AF Fotografie/Alamy)

Duzentos anos após o MUL.APIN, por volta do século VIII a.C., os poetas gregos Homero e Hesíodo fizeram referências às constelações mais identificáveis, como a Ursa Maior e Orion, em suas obras. Também mencionaram as estrelas brilhantes Arcturus e Sirius e as Plêiades.

Por volta do século III a.C., o poeta grego Arato escreveu um poema em versos sobre conhecimentos astronômicos. Considera-se que *Phaenomena* tenha sido profundamente influenciado pelo trabalho de Eudoxo de Cnido, um astrônomo grego que estudou as estrelas cerca de cem anos antes. Foi concebido como uma introdução ao céu noturno e suas aplicações. Descreve quarenta e sete constelações, muitas das quais identificaríamos hoje. Arato explica como o céu se movimenta durante a noite e ao longo do ano e lista as várias auroras e crepúsculos das constelações. Por volta dessa época, as dezoito estações do zodíaco babilônico haviam sido reduzidas em número e mescladas às doze com as quais estamos familiarizados hoje.

Hoje reconhece-se a existência de oitenta e oito constelações, ratificadas em 1928 pela União Internacional Astronômica. Dessas, mais da metade deriva de uma lista elaborada em 150 a.C. pelo astrônomo grego Cláudio Ptolomeu. Ele trabalhava na província romana de Alexandria, Egito, e em seu grande trabalho, *Syntaxis* (mais conhecido hoje por seu nome árabe, *Almagesto*), catalogou mil estrelas, agrupando-as em quarenta e oito constelações. Uma grande síntese do conhecimento astronômico da época, tornou-se o trabalho de referência científica durante os mil e quinhentos anos seguintes. Consagrou a teoria de que a Terra era o centro do cosmo e de que tudo, inclusive o Sol, girava em torno dela. Esse modelo astronômico permaneceu em uso até os séculos XVI e XVII, quando os trabalhos de Copérnico, Galileu e outros nos obrigaram a olhar para as coisas de modo diferente, como veremos nos capítulos 6 e 7.

Se o modelo de Universo de Ptolomeu não sobreviveu, o mesmo não pode ser dito de suas constelações. Apenas uma está ausente da lista oficial que temos hoje. Trata-se de *Argo Navis*, uma constelação gigante no hemisfério sul que representava Argo, o navio usado por Jasão e os Argonautas. Na explosão de zelo astronômico que tomou conta da revolução científica dos séculos XVII e XVIII, astrônomos separaram o navio em partes, e agora reconhecemos Carina, a quilha, Puppis, o convés de popa, e Vela, as velas.

Diante disso, a evidência parece clara: os gregos definiram o sistema de constelações que usamos hoje. Mas não é tão simples. A análise mostra que a descrição do céu noturno feita por Eudoxo, consagrada em verso por Arato, não poderia ter sido avistada por nenhum dos dois. As constelações meridionais de que ambos falam simplesmente não são visíveis da Grécia, o que significa que as constelações que reconhecemos hoje não são criações gregas. O mais provável é que sejam conhecimentos adquiridos de povos mais antigos. Mas quais?

Para desvendar esse mistério, estudiosos analisaram evidências arqueológicas e nosso conhecimento de astronomia e utilizaram-se de simulações computadorizadas de como seria o céu noturno no passado.

No Egito, o mapa celeste do Templo de Hathor, em Dendera, que continha o baixo-relevo das imagens dos decanatos, também mostrava as constelações. Existem setenta e dois pictogramas individuais que incluem a lista das quarenta e oito constelações de Ptolomeu. Entre elas, as constelações modernas do zodíaco são facilmente identificáveis. Como o Egito fica ao sul da Grécia e possui uma civilização mais antiga, datar o mapa do céu pode ser a chave do quebra-cabeça.

De fato, quando os franceses se apossaram do mapa do céu, no início do século XIX, houve um intenso debate sobre a idade do documento. Muitas das primeiras estimativas propunham que datava de milhares de anos a.C., o que tornou o mapa um achado espetacular, prova de que as constelações foram definidas muito antes do que se pensava.

Porém, a verdade se revelou com o estudo dos hieróglifos a respeito do zodíaco. A principal evidência foram os hieróglifos encontrados dentro de contornos ovais chamados cartuchos, que indicavam o nome do faraó na época da construção. No caso do zodíaco de Dendera, os cartuchos estavam vazios.[34] Isso colocava a construção em um momento muito específico da história egípcia: o interregno entre a morte do pai de Cleópatra, em 51 a.C., e a ascensão conjunta de Cleópatra e do filho que tivera com Júlio César, em 42 a.C. Nesses nove anos, os cartuchos com os nomes dos faraós em qualquer monumento construído ficaram em branco. Portanto, o mapa do céu de Dendera surgiu cerca de dois séculos antes de Ptolomeu e seu *Almagesto*, mas alguns séculos depois de Eudoxo e Arato. Apesar de esse monumento não esclarecer definitivamente quem definiu as constelações, outro artefato – mais detalhado – provou ser muito mais útil.

No Museo Archeologico Nazionale, em Nápoles, encontra-se a estátua do Atlas Farnese. Data do século II, por volta da época do *Almagesto* de Ptolomeu, e retrata o titã Atlas premido sob o peso do céu, representado por um globo sobre seus ombros. O principal destaque da estátua é a representação mais antiga do globo terrestre. A maioria das constelações de Ptolomeu estão ali representadas, não como estrelas, mas como pictogramas, e esses pictogramas são o oposto de como os imaginamos quando olhamos para o céu noturno. O motivo encontra-se no fato de que vemos o céu noturno "de fora", como um globo que tem a Terra como um ponto central imaginário. É realmente uma visão panorâmica do céu. Além disso, no local onde Atlas carrega o globo em seus ombros, perto do ponto do polo sul celeste, o céu está vazio; não há representações de constelações.

Da mesma forma, no poema de Arato também não encontramos constelações listadas perto do polo sul. Existem seis constelações que formam um anel ao redor dessa área em branco, e essa é uma pista importante para a localização dos povos que definiram as constelações.

A menos que o observador esteja no equador, sempre haverá um grupo de estrelas que nunca se põe e um grupo de estrelas nunca desponta. Em outras palavras, uma pessoa que esteja no hemisfério norte não será capaz de avistar todas as estrelas meridionais. Portanto, a lacuna no polo sul revela instantaneamente que os criadores das constelações viviam no hemisfério norte, e o tamanho da lacuna nos informa a que distância.

Se o observador estivesse no polo norte, avistaria apenas metade do céu. Não veria o alvorecer ou o crepúsculo das estrelas; testemunharia apenas o giro delas em torno do polo norte, apontando diretamente para o céu noturno. Então, se o mapa estelar original era um apanhado apenas da metade setentrional do globo, os astrônomos em questão teriam vivido no Ártico. Se eles tivessem vivido no equador, teriam considerado o globo inteiro, porque seriam capazes de avistar todo o céu durante o ano.

Ao analisar o tamanho e a forma do céu na região, ainda não mapeado, vários estudiosos deduziram que as constelações descritas no poema se originaram das mentes dos minoicos de Creta, durante o terceiro milênio a.C.[35] É realmente uma conclusão coerente, porque os minoicos foram uma grande nação marítima que dependia do céu noturno para a navegação.

Estudos de Mary Blomberg e Göran Henriksson, ambos da Universidade de Uppsala, na Suécia, revelaram que duas estruturas minoicas – o palácio de Cnossos e o santuário de Petsophas – apresentam incríveis alinhamentos celestes em sua arquitetura.[36] O palácio permitia que a luz do Sol iluminasse o chamado Corredor das Tábuas de Casa no amanhecer dos dois equinócios do ano. No santuário, a maioria das paredes está alinhada em relação à estrela Arcturus. Em Creta, no ano de 1900 a.C., quando o santuário foi construído, essa estrela brilhante de cor alaranjada não foi visível durante o ano inteiro. Um conjunto de paredes aponta para sua posição helíaca ascendente no horizonte oriental e outro, para sua configuração helíaca no oeste. Os minoicos consideravam essa estrela importante porque sua visibilidade coincidia com o clima favorável e, portanto, com a temporada de navegação no Mediterrâneo.

Longe de terra firme, o céu noturno é a única referência que um piloto de navio tem, além do conhecimento das correntes marítimas e da direção dos ventos predominantes. Uma vez que as correntes e os ventos estão sujeitos a perturbações ambientais, as estrelas são pontos de referência fixos, especialmente porque há poucas noites nubladas durante o verão mediterrâneo. Mas conduzir um navio com sucesso exige um conhecimento incrivelmente detalhado das várias estrelas e da maneira como mudam de posição, tanto durante a noite como ao longo da temporada de navegação.

Ainda hoje, existem navegadores polinésios que são capazes de conduzir seus navios com precisão ao longo de grandes extensões de água sem a utilização de instrumentos, valendo-se apenas de sua compreensão das correntes do oceano, dos ventos e do céu noturno. É um feito extraordinário de percepção e conhecimento. No Reino Unido e nos Estados Unidos, o *Almanaque Náutico* é publicado todos os anos e contém as posições de cinquenta e oito estrelas selecionadas para a navegação, que podem ser localizadas com um sextante e cujas altitudes podem ser usadas para se calcular a posição de um navio no mar.

Sem tabelas escritas, podemos imaginar os minoicos agrupando estrelas em constelações que os ajudassem a se lembrar das direções de navegação ao longo de diferentes períodos das estações, assim como os egípcios agruparam estrelas nos padrões de decanato. Blomberg e Henriksson calcularam que Orion e Sirius teriam marcado o caminho de Creta ao delta do Nilo em setembro, durante o início do século II a.C. Sem dúvida, na época de Homero (por volta de 700 a.C.), esse método era descrito explicitamente. Em seu poema épico *Odisseia*, ele relata que o herói Odisseu recebe o conselho de manter as estrelas do urso (Ursa Maior) à sua esquerda para navegar para o leste.

Analisando dessa forma, parece plausível que os minoicos tenham definido nossas constelações em algum momento do terceiro milênio a.C. No entanto, uma análise mais recente, feita por Bradley Schaefer, da Universidade do Texas, sugere um local diferente e uma origem mais recente.

Ele se concentrou nas seis constelações mais ao sul da representação grega do céu noturno e usou um computador para calcular a latitude mais ao norte em que cada constelação podia ser vista a cada ano, até 3.000 a.C. O que ficou imediatamente nítido em seu trabalho foi que todas as seis constelações poderiam ser vistas no céu a partir de uma localização aos 30-34° a norte por volta de 900-330 a.C.[37]

Isso sugere que alguém naquela latitude e por volta daquela época criou as constelações. Não poderiam ter sido os gregos, pois o ponto mais meridional do país é o Cabo Tênaro, localizado a 36,4° ao norte. Logo, essas constelações jamais apareceriam no horizonte. Da mesma forma não poderiam ter sido os minoicos, já que Creta também está situada fora do reino de visibilidade, 35° ao norte. Além disso, sua civilização entrara em declínio em 1.450 a.C., após uma sucessão de desastres naturais, incluindo terremotos e erupções do vulcão do Monte Thera. Em vez disso, Schaefer aponta para a Babilônia, que fica a 32,5° ao norte e floresceu até por volta de 540 a.C.

Isso não exclui a possibilidade de que os minoicos tenham ajudado a definir nossas constelações. Eles podem ter iniciado o processo de preencher as partes do céu que os mitos pré-históricos não abordaram. E então, como Schaefer conclui, as constelações mais ao sul foram consideradas invenções babilônicas. Nessa versão dos eventos, o céu noturno conforme apresentado por Eudoxo e Arato foi uma grande síntese de ideias que evoluíram ao longo de milênios.

Independentemente da gênese exata das constelações, uma coisa é clara: os decanatos, as constelações zodiacais e as aplicações navegacionais das estrelas mostram que, em sua maior parte, as constelações não eram um mero livro de historinhas. Foram definidas como sistemas de coordenadas celestes para fins de cronometragem e navegação. Ainda assim, entrelaçada com essas aplicações puramente práticas, a ideia religiosa de que o céu noturno possuía significado e de que nele os deuses escreveram mensagens para interpretarmos continuou a crescer.

Nos períodos clássicos grego e romano, que compreendem o intervalo entre o século VIII a.C. e o século VI d.C., os aspectos práticos e religiosos começaram a se fundir. Algumas das estrelas mais importantes começaram a ser vistas não apenas como mensageiras, mas como causas dos eventos que anunciavam. Por exemplo, a associação minoica de Arcturus com a navegação transformou-se em um receio supersticioso de tempestades, caso a estrela estivesse visível. Quanto à estrela mais brilhante, Sirius, considerava-se que sua imagem luminosa nos meses de verão aumentava a força do Sol, o que elevava as temperaturas na região do Mediterrâneo. Sirius está localizada na constelação Canis Major, o grande cão, e é daí que se originou a expressão "dias de cão", para designar os dias mais quentes do verão.

Não é difícil ver como eles teriam chegado a tais conclusões, dada a observação de senso comum de que calor e luz vêm do Sol, provando, assim, que existe uma ligação física real entre o céu e a Terra. E, com o crescimento das civilizações antigas, tornou-se normal a tentativa de conciliar esses diferentes aspectos do mundo, de procurar algo que conectasse os dois reinos e nos ligasse mais diretamente ao céu noturno. A teoria que surgiu dessa busca dominou o pensamento humano por quase dois milênios e continua gerando fascínio até hoje.

4
OS MAGOS, OS SÁBIOS E OS ASTRÓLOGOS

No final do MUL.APIN, o catálogo estelar da Babilônia de 1.000 a.C., há um resumo sobre como aplicar o conhecimento astronômico à vida cotidiana. O relato se apresenta na forma de presságios, que podem ser identificados no aparecimento de várias estrelas, planetas e fenômenos meteorológicos, como ventos repentinos. Essas passagens são significativas porque revelam que os babilônios desenvolveram um sistema sofisticado de previsões baseado nas posições dos objetos celestes. Ao contemplar o céu noturno, eles buscavam conhecimento sobre o futuro. Eis o nascimento da astrologia.

O fato de que as características do céu noturno exercem uma influência dupla sobre a Terra é a ideia básica da astrologia. Em primeiro lugar, influencia eventos naturais. Em segundo lugar, molda e influencia nossas personalidades. Ao estudar cuidadosamente essas associações, os astrólogos procuravam compreendê-las e, em seguida, usar esse conhecimento para prever eventos futuros.

Embora hoje em dia muitos ainda acreditem em horóscopos, do ponto de vista acadêmico a astrologia é um assunto desacreditado. Em nosso mundo científico moderno, desenvolvemos instrumentos para medir todas as forças que observamos na natureza, mas nunca encontramos algo que indique que soframos influências astrológicas de outros planetas. Dessa perspectiva moderna, portanto, é tentador descartar o desenvolvimento da astrologia como um erro cometido por mentes inferiores às nossas. Contudo, precisamos lembrar que o intelecto dos astrólogos babilônicos era tão aguçado quanto o nosso; a única coisa que lhes faltava era conhecimento.

Por exemplo, hoje sabemos que o vento sopra porque há uma diferença na pressão do ar entre dois locais,[38] mas os babilônios tinham uma interpretação diferente. Sua visão de mundo era baseada na dos antigos sumérios, que acreditavam que as forças da natureza eram personificações dos deuses, de modo que estavam sujeitas à vontade divina. Logo, era natural que os babilônios interpretassem a vontade dos deuses com base na observação da natureza, assim como podemos observar o comportamento de outra pessoa para determinar seu humor.

Na época em que o Império Neobabilônico absorveu a Caldeia, por volta de 650 a.C., os astrônomos claramente assumiram o papel de adivinhos. Astronomia e astrologia tornaram-se uma só disciplina, e assim permaneceria na Europa até o século XVII. A astrologia era praticada sistematicamente como forma de manter o céu e a Terra em equilíbrio. A prática era tão difundida que ser reconhecido como caldeu era como ser chamado de astrólogo.

Na Babilônia, a primeira lua nova após o equinócio da primavera marcava o início do novo ano. Esse primeiro mês era chamado de Nisan, e sua chegada assinalava o início do maior festival do calendário babilônico. Conhecido como Akitu, era um evento essencialmente astrológico, projetado para espelhar a suposta reunião dos deuses no céu, e envolvia cerimônias em que os sábios determinavam o que aguardava o povo no ano seguinte.

O Akitu durava doze dias e começava com o recital de várias orações e do mito da criação da Babilônia, o *Enûma Eliš*. No oitavo dia, acreditava-se que os deuses se reuniam e, assim, começavam a determinar o caráter do próximo ano. No décimo primeiro dia, os deuses chegavam às suas decisões, que eram exibidas nas posições dos planetas. Era nesse dia que, na Terra, os astrólogos apresentavam suas interpretações do céu e relatavam a mensagem divina ao rei a seu povo. Outros adivinhos inspecionavam as entranhas de animais sacrificados e faziam seus prognósticos.

Tal como no surgimento da religião, é evidente que a astrologia já estava bem desenvolvida na época em que a escrita foi inventada. Logo, assim como a verificação da passagem do tempo e a religião, as raízes da astrologia provavelmente remontam à pré-história. Na verdade, a crença de que o céu noturno apresentava presságios – conhecimento secreto que só poderia ser interpretado por indivíduos versados em artes especiais – é congruente com o desenvolvimento das sociedades secretas de caçadores-coletores que estudavam os céus.

Na época dos babilônios, a astrologia era, também, indistinguível da religião. Podemos considerá-la uma espécie de "teoria de tudo", um conjunto de ideias inter-relacionadas que procuram explicar como o céu e a Terra trabalham juntos. É apenas quando a religião se preocupa com a vida após a morte, como no Egito, com a pesagem do coração, que as duas ideias começam a divergir e competir, como veremos em breve.

Em 650 a.C., os babilônios haviam compilado séculos de previsões astrológicas em uma série de setenta tábuas de pedra. Conhecidas como *Enûma Anu Enlil* [Nos dias de Anu e Enlil], foram escavadas no século XIX da Biblioteca de Assurbanipal, na Antiga Nínive, localizada nos arredores da atual Bagdá. A biblioteca servia ao Rei Assurbanipal e continha muitos milhares de tábuas de argila. Entre várias outras coisas, contavam as histórias do Épico de Gilgamesh e do *Enûma Eliš*. O *Enûma Anu Enlil* é uma ampla obra de referência. Nele estão preservados 6.500-7.000 presságios, ligados a uma ampla variedade de eventos celestes e meteorológicos. A ideia é simples: você observa algo no céu – talvez uma fina lua crescente que se aproxima do planeta brilhante Júpiter – e então verifica as tábuas para ver o que isso significa. Em suma, o *Enûma Anu Enlil* é a primeira enciclopédia astrológica.

As primeiras vinte e duas tábuas são dedicadas a observações da Lua, associada à deusa Sin. As catorze tábuas seguintes registram fenômenos solares relacionados ao deus-sol Samas. As treze tábuas seguintes detalham várias observações meteorológicas. E as tábuas restantes listam vários alinhamentos planetários. Das setenta tábuas, a de número 63 se destaca entre os estudiosos porque registra claramente os vinte e um anos de informações astronômicas sobre o planeta Vênus.

Depois do Sol e da Lua, Vênus é o corpo celestial mais brilhante, mas sua presença não é constante. O planeta está mais perto do Sol que a Terra, por isso, dificilmente aparece no céu noturno. Em vez disso, ao longo da sua órbita de 225 dias, entra e sai do campo de visibilidade, passando a maior parte do tempo próximo demais do Sol para ser visto a olho nu. Por causa da forma como o movimento orbital da Terra se combina com o de Vênus, o planeta segue um ciclo de visibilidade de dezoito meses, conhecido pelos astrônomos como aparição.

Vênus aparece pela primeira vez no céu noturno por cerca de um mês. Então, conforme sua órbita o transporta entre a Terra e o Sol, desaparece por algumas semanas antes de ressurgir como uma "estrela" inconfundivelmente brilhante pela manhã no céu. É por isso que o planeta às vezes é chamado de estrela da noite e estrela da manhã. Assim permanece por mais ou menos seis semanas, mas, ao iniciar sua viagem para trás do Sol, Vênus desaparece novamente, dessa vez por um período mais longo. Só retorna ao céu noturno catorze meses depois, completando uma aparição e iniciando outra.

A tábua 63 do *Enûma Anu Enlil* registra vinte e um anos desse ciclo. Embora as tábuas tenham sido criadas por volta de 650 a.C., as tentativas de datar as informações astronômicas indicam que podem se referir a aparições de Vênus que ocorreram em algum momento no período entre 1.700 e 1.550 a.C. Isso também sugere uma tradição astronômica muito mais antiga de criação de um *corpus* de conhecimento que foi transmitido ao longo dos séculos.

A importância das tábuas do *Enûma Anu Enlil* reside no fato de que, nessas observações astronômicas cuidadosas, vemos o trabalho de mentes claramente analíticas, racionais e até científicas, independentemente da tentativa errônea de ligá-las a eventos terrestres. Além disso, nesse momento da história, a religião passou do animismo dos caçadores-coletores a uma filosofia conhecida como "microcosmo-macrocosmo", ou "assim em cima como embaixo" – a ideia de que os eventos terrestres são espelhados no cosmo. E, já que a religião da época dizia que os humanos foram criados para fazer o trabalho dos deuses na Terra, nossos ancestrais precisavam interpretar as mensagens naturais e agir. Dessa forma, o céu e a Terra poderiam ser mantidos em equilíbrio. Caso ignorassem as mensagens celestiais, o caos retornaria. A prática da astrologia foi, portanto, planejada para equilibrar o céu e a Terra e conduzir a humanidade à ordem civil, à estabilidade política e à prosperidade econômica. Hoje, pouco mudou, exceto pelo fato de que a ordem civil, a estabilidade política e a prosperidade econômica são consideradas interdependentes, portanto, abandonamos a ideia de adorar deuses e a natureza em troca de sua ajuda na busca desse equilíbrio.

Assim que os babilônios absorveram o modo como os ciclos celestiais relacionavam-se a eventos naturais em grande escala, como as estações, passaram a concentrar suas observações em eventos cada vez mais específicos. Registraram meticulosamente suas observações do céu noturno e as correlacionaram com questões políticas e eventos sociais à procura de padrões. Isso os levou a realizar cálculos astronômicos sofisticados, e eles se tornaram o primeiro povo na história a usar a matemática em sua análise da natureza.

Além do registro e da análise da visibilidade de Vênus, os babilônios calcularam o modo como a duração do dia variava durante as estações e apresentaram métodos para se calcular a hora do nascer e do crepúsculo da Lua.[39] Tábuas de argila encontradas nas casas de astrólogos que viveram no primeiro milênio a.C. mostram que eles também começaram a confiar em seus cálculos dos movimentos planetários, em vez de em observações diretas.[40] Com base nesses cálculos, podiam prever onde os planetas se situariam no céu e essa informação seria usada para fazer as previsões terrenas. Essa fé na matemática demonstra o avanço de seus conhecimentos astronômicos e a confiança que nutriam a seu respeito.

Os planetas ocupam uma posição especial na astrologia porque não surgem em sincronia com as estações, como as estrelas, nem seguem os meses da Lua. Em vez disso, mantêm ritmos próprios, do veloz Mercúrio ao quase imóvel Saturno, passando por todos os andamentos entre um e outro. Os babilônios associavam cada planeta a um deus, e sua configuração no céu era considerada a principal forma como esses deuses se comunicavam conosco.

Existem cinco planetas que podem ser vistos a olho nu: Mercúrio, Vênus, Marte, Júpiter e Saturno. Além do Sol e da Lua (e dos cometas, que comentaremos no capítulo 7), os planetas são os únicos corpos celestes que mudam de posição em relação ao cenário fixo de estrelas.

No entanto, ao perseguirem-se pelos céus, jamais se afastam das constelações zodiacais. Hoje entendemos que isso ocorre porque o sistema solar se condensou a partir de um disco giratório de materiais que fixou os planetas, incluindo a Terra, mais ou menos no mesmo plano orbital. Para as mentes curiosas do passado, no entanto, o fato de os planetas compartilharem o caminho do Sol e da Lua pelo céu deve ter fornecido "evidências" de sua importância.

Para destacar a importância religiosa dessas trajetórias celestiais, os babilônios associaram Mercúrio a Nabu, o deus da alfabetização e da sabedoria; Vênus a Ishtar, deusa do amor, do sexo e do poder político; Marte a Nergal, deus da guerra e da pestilência; Júpiter a Marduk, o principal deus do panteão babilônico; e Saturno a Ninurta, deus da caça e da agricultura. Dessa forma, a astrologia babilônica começou a associar os planetas a diferentes qualidades e personalidades.

O homem responsável por consolidar a astrologia no mundo clássico foi o astrônomo do século II a.C. Cláudio Ptolomeu. Ele já havia escrito seu compêndio de conhecimentos astronômicos, o *Almagesto*, e em seu trabalho seguinte escreveu uma defesa e uma explicação da astrologia conhecida como *Tetrabiblos*, que se tornou um trabalho extremamente influente; websites astrológicos referem-se ao texto até hoje.

O livro tentou apresentar uma teoria de tudo com base na crença do microcosmo-macrocosmo de Ptolomeu de que "a maioria dos eventos de natureza genérica extrai suas causas dos céus".[41] Embora ele não tenha sido o instigador de todas as ideias do livro, Ptolomeu sintetizou as tendências básicas da época em um único conteúdo coeso e propôs uma importante mudança de ênfase. Ele defendeu a ideia de que a astrologia era uma explicação natural para as forças da natureza e para a personalidade humana, em vez de um sistema de sinalização sobrenatural para os deuses, o que a tornava distinta da religião.

No livro, primeiro Ptolomeu traça a distinção entre astronomia e astrologia. A astronomia, escreve, é projetada para descobrir os ciclos celestes, o alvorecer e o crepúsculo dos vários corpos no céu e seus movimentos. A astrologia investiga as mudanças que esses movimentos provocam na Terra. Em outras palavras, astrologia é astronomia aplicada. Ele então apresenta as evidências que justificariam seu pensamento.

Como todos sabem, o Sol tem a maior influência sobre os ciclos diários e sazonais da Terra. É responsável pelo dia e pela noite e, como os habitantes das cavernas e construtores de megálitos da pré-história descobriram, suas diferentes posições no céu ao longo do ano determinam as estações. Ptolomeu apontou os ciclos naturais que seguem a Lua, como as marés e o comportamento dos animais, e concluiu que os efeitos dominantes do Sol são modulados pelas posições lunares e planetárias e transmitidos para a Terra pelos padrões climáticos em nossa atmosfera. Ele prossegue com a afirmação de que, uma vez que é evidente que os padrões climáticos sazonais afetam a qualidade e a abundância das colheitas, bem como das plantas e animais, é perfeitamente plausível que ajudem a determinar o crescimento e a personalidade do homem. Segundo sua teoria, o "temperamento" do momento em que o indivíduo nasce fica impresso dentro dele, e esse temperamento é determinado pela posição dos planetas.

O mais impressionante a respeito do trabalho de Ptolomeu é que ele propõe uma relação estritamente física entre os planetas e o ar na atmosfera terrestre. Ele removeu da equação a ideia de intervenção divina. Para tanto, inspirou-se na obra dos primeiros filósofos gregos, hoje conhecidos como filósofos pré-socráticos. Eles viveram na cidade grega costeira de Mileto, na Anatólia (atual Turquia), e adotaram os conceitos de microcosmo-macrocosmo. Como resultado, suas observações exploraram os temas gêmeos de natureza (macrocosmo) e natureza humana (microcosmo) e começaram a separar da religião a contemplação da natureza. Fizeram isso ao procurar conexões puramente físicas entre as coisas, deixando de atribuir à vontade dos deuses a ocorrência de fenômenos naturais.

Tales de Mileto é frequentemente citado como o pai da filosofia grega. Ele introduziu a ideia de que tanto a Terra como o cosmo são feitos da mesma substância.[42] Ele sugeriu que a água é a forma mais fundamental de matéria e que tudo o mais, das pedras até o ar e o fogo, também é água, apenas convertida em diferentes formas ou fases. Um contemporâneo seu, Anaximandro, sugeriu que existia uma substância primordial distinta, que incorporava todas as quatro propriedades da matéria comum: quente e frio, seco e úmido. Ou seja, a matéria comum provinha da condensação da substância primordial quando essas propriedades contraditórias eram separadas. Um terceiro membro da escola de Mileto, Anaxímenes, voltou à ideia de uma substância primária, mas optou pelo ar, que poderia ser condensado em água e terra, ou modificado em nuvens e fogo. Na época de Pitágoras, no século VI a.C., a ideia dos quatro elementos clássicos – terra, água, ar e fogo – e das propriedades associadas a eles – quente, frio, seco, úmido – era considerada fato. Cada elemento era associado a duas propriedades: a terra é fria e seca, a água é fria e úmida, o ar é quente e úmido, o fogo é quente e seco.

Pitágoras também escreveu sobre a imortalidade da alma humana, ou, como ele chamava, a psique. Isso teve importantes consequências para a astrologia, pois propunha uma ligação entre os reinos astronômico e psicológico; um conceito que foi posteriormente assumido por Platão. Nascido em Atenas, no final do século V, Platão foi aluno de Sócrates. A escola socrática de filósofos distinguiu-se por ter adicionado à sua contemplação da natureza humana uma discussão a respeito de condutas certas e erradas. Por causa disso, eles são conhecidos como filósofos morais.

A teoria da psique de Platão dizia que ela se originava nos céus como parte de uma "alma mundial" maior. Uma vez unida a um corpo, fornecia a força reanimadora que o fazia viver. Portanto, enquanto o animismo declarava que tudo tinha alma, na visão de Platão apenas as coisas vivas a possuíam. Como ele acreditava que a psique humana era parte de uma "alma mundial" maior, que existia antes de o cosmo ser criado, isso significava que todo o Universo era, na verdade, uma coisa viva. Tal ideia permitiu aos filósofos morais propor que o Universo vivo tinha um código moral, que deveria ser usado para julgar o comportamento humano. Também justificava uma ligação astrológica entre planetas e personalidades, porque a psique originava-se nos céus.

Ptolomeu usou todas essas ideias em sua teoria sobre astrologia. Ele imaginava que a atmosfera da Terra se estendia para além dos planetas, até as estrelas. A Terra era a fonte de umidade do cosmo, o Sol era a fonte de calor e as estrelas eram frias e áridas. Portanto, as características dos planetas variavam de acordo com a distância a que estavam dessas fontes. A ordem dos planetas clássicos era: Terra, Lua, Mercúrio, Vênus, Sol, Marte, Júpiter, Saturno e as estrelas. Portanto, considerava-se que Marte era quente porque estava próximo do Sol e seco porque estava longe da Terra. Essa combinação fazia desse planeta uma influência colérica, que transmitia qualidades de liderança e ambição. Júpiter, um pouco mais afastado do Sol e da Terra, era o governante dos indivíduos sanguíneos, que são extrovertidos e ativos. Saturno era o planeta mais distante do Sol e da Terra, portanto, privado de calor e umidade e considerado melancólico, introvertido e sujeito a ansiedades. O último tipo de personalidade nesse esquema é o indivíduo fleumático, governado pelo planeta caloroso e úmido chamado Vênus, que se encontra entre o Sol e a Terra. Pessoas sob a influência desse planeta tendem a ser tranquilas e fáceis de lidar.

Assim surgiu a teoria de que nossa personalidade é definida pela combinação dessas influências em seus vários pontos fortes, conforme determinado pela miríade de configurações que os planetas assumem. Ao apresentar suas ideias, Ptolomeu admitiu que havia grande margem de erro na astrologia, mas limitou os equívocos à inexperiência dos praticantes.

Ptolomeu também explicou como os planetas podiam ser usados para diagnosticar e tratar doenças. Novamente, essa ideia provavelmente tem suas raízes na astrologia babilônica. Ao final do século IV a.C., um babilônio chamado Iqīšâ vivia na cidade de Uruk. Escavações em sua residência revelaram que ele era um sacerdote mašmaššu, uma ocupação que muitas vezes é traduzida como exorcista, mas o termo original permite uma tradução menos extrema, como médico. Uma das principais tarefas de um mašmaššu era curar as pessoas de suas doenças, as quais, segundo se acreditava na época, eram frequentemente provocadas por fantasmas ou espíritos invasores. O processo de remoção dessas entidades era realizado pacientemente por meio de rituais e do consumo de alimentos ou bebidas especialmente preparados, uma prática considerada precursora da medicina.

Iqīšâ possuía mais de trinta tábuas acadêmicas – o equivalente babilônico dos livros –, e algumas explicavam como preparar os alimentos curativos necessários na medicina. Fato interessante é que as receitas dependiam do dia do ano, e não dos sintomas do paciente. Segundo as tábuas, cada dia do ano era associado a uma posição em um dos doze signos do zodíaco. Por exemplo, o dia cinco do quarto mês babilônico era associado a Touro. Tratar um paciente naquele dia significava untá-lo em sangue de touro, alimentá-lo com gordura de touro e fumigar sua casa com pelo de touro queimado. Se o tratamento ocorresse no segundo dia do mês, o procedimento seria repetido, porém, como o dia era associado a Capricórnio, os ingredientes utilizados seriam sangue, gordura e pelo de cabra.

Porém, no oitavo dia, associado a Leão, o sistema encontrava problemas: leões eram extremamente raros na Babilônia. O arqueólogo John Steele, da Universidade Brown, em Rhode Island, sugere que a prescrição era um sistema teoricamente perfeito que não poderia ser executado na prática, ou as associações astrológicas eram meramente figurativas e se referiam a plantas e ervas. Se for o caso, ou os nomes astrológicos foram usados para manter esse conhecimento em segredo ou os babilônios acreditavam na correspondência entre várias plantas e as constelações.

Ao mesmo tempo, na Grécia, o médico Hipócrates popularizou um sistema de medicina evidentemente correlato, baseado nas ideias de microcosmo-macrocosmo. Ele considerou que, como o ano é o equilíbrio das quatro estações e o mundo é feito de quatro elementos, então o corpo também deve ser um equilíbrio de quatro substâncias. Ele batizou essas substâncias de humores. É possível que a ideia dos humores tenha se originado séculos antes, no Antigo Egito, mas foi Hipócrates quem a moldou em uma teoria médica da qual nos lembramos até hoje. Em sua obra *Da natureza do homem*, os humores listados são sangue, fleuma, bile amarela e bile negra. A ideia básica era de que enfermidades e doenças ocorriam devido a deficiências ou excessos desses fluidos. Portanto, rejeitava-se a ideia babilônica de fantasmas e espíritos, mas mantinha-se a noção de que os desequilíbrios poderiam ser relacionados a alinhamentos desfavoráveis dos planetas.

Considerava-se que isso ocorria porque, assim como os planetas eram associados a quatro tipos de personalidade – melancólica, colérica, fleumática e sanguínea –, o mesmo também se dava com os fluidos corporais. Sem correspondência com os fluidos corporais conhecidos hoje, acreditava-se que a bile negra surgia no baço e produzia tendências à tristeza e à melancolia; correspondia ao elemento terra. A bile amarela era o equivalente ao fogo e vinha do fígado; controlava a irritabilidade e o comportamento colérico. Fleuma correspondia à água; derivava da cabeça e conduzia ao comportamento racional e fleumático. Finalmente, o sangue vinha do coração e era equivalente ao ar, ocasionando um comportamento otimista e sanguíneo. O equilíbrio entre os humores podia ser restaurado de várias maneiras. Uma delas era comer os alimentos capazes de equilibrá-los novamente.

Enquanto se considerava que os planetas influenciavam nosso temperamento por meio dos humores, acreditava-se que os signos do zodíaco se relacionavam com diferentes partes do corpo. De acordo com essa ideia, o corpo era dividido em doze regiões, cada uma ligada a uma das constelações zodiacais. Por exemplo, Áries era a cabeça e Peixes era os pés. Algumas tábuas babilônicas de difícil interpretação indicam que essa ideia teria se originado na Mesopotâmia, por volta de 500 a.C.[43]

Apesar da natureza apócrifa dessas conexões, a síntese feita por Ptolomeu da sabedoria astrológica foi tão persuasiva que nossa suposta conexão com os planetas se manteve meritória durante todo o período clássico. Então, essa crença entrou em um declínio que durou mais de quatrocentos anos, começando no século VI, quando o grande Império Romano ruiu e a maior parte da Europa se dividiu em reinos que guerreavam entre si. Assim teve início a Idade Média. As tradições clássicas da cultura, da arte e da ciência foram amplamente descartadas, perdidas e esquecidas, e as atenções voltaram-se para a mera sobrevivência. Porém, a astrologia persistiu, com suas ideias vivas no mundo islâmico.

O Islã nasceu no Oriente Médio, no século VII, sob a influência unificadora de Maomé, considerado pelos muçulmanos o profeta derradeiro enviado à Terra por Deus. O nascimento do Islã foi seguido por uma onda de expansão que resultou em um império islâmico que se estendia por Espanha e Portugal no oeste, pela costa mediterrânea do norte da África e atravessava o Oriente Médio até as fronteiras da China e do subcontinente indiano. Com a expansão, textos clássicos foram traduzidos para o árabe, tendo sido incorporados à tradição acadêmica e expandidos.

No século VIII, por ordem do califa al-Mamum al Rashid, o primeiro observatório astronômico do mundo financiado pelo estado foi construído em Bagdá. Foi o início de uma tendência que se estendeu por todo o mundo muçulmano. No século X, Abd al-Rahman al-Sufi escreveu o *Livro das estrelas fixas* (*Kitabsuwar al-kawakib*), baseado no catálogo de estrelas de Ptolomeu, *Almagesto*, e descreveu as constelações em termos árabes. Muitos dos nomes de estrelas que usamos hoje derivam desse livro. Os exemplos incluem Algol (o demônio – possivelmente assim chamada porque é a única estrela que muda visivelmente seu brilho ao longo dos dias); Deneb, a cauda (de Cygnus); e Rigel, o pé (de Orion). Os nomes chegaram ao mundo ocidental nos últimos séculos da Idade Média, entre os séculos X e XIII.

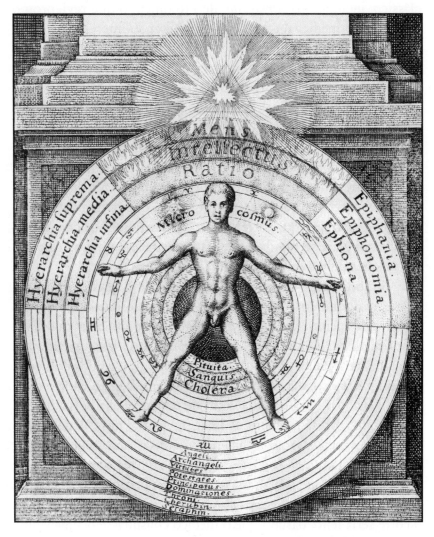

O frontispício de *Utriusque Cosmi Historia*, de Robert Fludd (1574- 1637), descreve a humanidade como um microcosmo dentro do macrocosmo do Universo. (AF Fotografie/Alamy)

Um dos fatores mais importantes nessa "transmissão" foi o trabalho da Escola de Tradutores de Toledo, nos séculos XII e XIII, um grupo de estudiosos da cidade espanhola de Toledo, que havia feito parte do império mouro, mas voltou às mãos dos espanhóis em 1085. Em vez de saquear as bibliotecas, as autoridades da cidade protegeram as comunidades muçulmanas e preservaram seus livros. A escola traduziu muitos manuscritos perdidos do período clássico, incluindo o *Almagesto*, de Ptolomeu, o que revigorou o pensamento medieval e estimulou um grande interesse pelo conhecimento clássico. Isso ajudou a desencadear o Renascimento na Europa e levou a um ressurgimento do interesse pelas ideias de microcosmo-macrocosmo e astrologia.

O *Tetrabiblos* de Ptolomeu foi traduzido para o latim em 1138 e teve um efeito profundo não apenas no renascimento da astrologia, mas também na medicina, em cujo âmbito as antigas ideias astrológicas foram aceitas com entusiasmo. Considerava-se que um diagnóstico médico correto dependia de uma análise do alinhamento dos planetas e das constelações para se descobrir qual dos quatro humores estava desequilibrado e em que parte do corpo o desequilíbrio ocorria. Para localizar os planetas rapidamente, os médicos começaram a carregar almanaques dobráveis que podiam ser consultados.

Embora esses almanaques provavelmente tenham sido amplamente difundidos, hoje são raros. No mundo inteiro, há notícia de cerca de apenas trinta. Um volume muito bonito do século XV é propriedade da Biblioteca Wellcome, em Londres.[44] Escrito em latim, combina um calendário e uma tabela astrológica, ambos dobrados como um mapa. Uma vez dobrado, o almanaque não é maior que a palma da mão e era levado dentro de uma pequena bolsa de seda verde e rosa, presa no cinto. A imagem central desse e de outros almanaques é a ilustração "Homem do zodíaco": uma representação da figura humana com os vários signos do zodíaco sobrepostos.

A prática de sangrar um paciente foi criada para liberar os humores em excesso que causavam a doença. Para determinar onde o corte seria feito, bastava que o médico consultasse o almanaque. Assim que o humor em desequilíbrio fosse identificado, o curandeiro renascentista verificaria em que posição o planeta correspondente encontrava-se no céu. Ao se determinar em qual signo do zodíaco o planeta estava localizado, o diagrama do homem do zodíaco era consultado para se verificar a qual parte do corpo correspondia, e lá o corte seria feito.

Além da medicina, os astrólogos passaram também a exercer o papel de terapeutas da época e aconselhavam clientes sobre a melhor maneira de dar sentido às suas vidas. Isso ficou conhecido como astrologia eletiva. Em casos típicos, a pessoa visitaria um astrólogo quando necessitasse tomar alguma decisão importante. Por exemplo, devo pedir a pessoa dos meus sonhos em casamento? Devo ter um filho? Devo atacar meu inimigo? O astrólogo elaborava o horóscopo do cliente a partir do momento de seu nascimento, consultava a posição atual dos planetas e informava se era ou não um momento propício para a ação.

A convicção de que as estrelas podiam influenciar diretamente as vidas humanas era tão forte nessa época que temas celestiais permeavam a dialética do cotidiano. A astrologia atingiu seu auge na Inglaterra, no século XVII, quando a imprensa recém-inventada permitiu que almanaques baratos inundassem o mercado. Essas publicações ofereciam de tudo, desde informações práticas, como as fases da Lua, que permitiam às pessoas planejar suas atividades ao ar livre, até conselhos de "autoajuda" sobre como viver melhor no ano seguinte, com base nas posições dos planetas. Em 1622, um almanaque se enaltecia por conter:

Sagacidade, aprendizado, ordem, elegância de frases,
Saúde e a arte de prolongar nossos dias,
Filosofia, física e poesia,
Tudo isso, e mais, você encontra neste volume.

Na década de 1660, um total de 400 mil cópias desses almanaques circulava na Inglaterra, o que significa que cerca de uma em cada três famílias possuía um.[45] Isso colocou a disciplina em rota de colisão com a Igreja da Inglaterra. A relação entre a astrologia e a Igreja sempre foi desconfortável, principalmente pela dificuldade de reconciliar a crença no livre-arbítrio com a noção de que as ações do ser humano são determinadas pela posição dos planetas. De fato, no Levítico – uma das partes mais antigas da Bíblia –, lê-se que os seguidores de Deus são expressamente proibidos de praticar astrologia ou qualquer outra forma de adivinhação.

Mas a Bíblia é inconsistente com relação a esse assunto. No Novo Testamento, o Evangelho de Mateus descreve o nascimento de Jesus, afirmando que três "homens sábios" ou reis foram alertados sobre sua chegada e guiados ao presépio pela estrela de Belém, que Deus colocou nos céus. Claramente, esse foi um evento astrológico, e a palavra original usada para descrever os sábios foi *magi*, o plural de *magus*. É um termo provocativo. Em sua forma grega original, referia-se aos seguidores de Zoroastro, o iniciador de uma das primeiras religiões monoteístas, que se estabeleceu onde hoje se encontra o Irã. De fato, a Bíblia diz que os *magi* vêm do leste. Porém, nos séculos posteriores, o termo passou a significar astrólogo ou praticante das artes ocultas. É a raiz da palavra magia.

A ressignificação dos magos como reis teve início no terceiro século, quando os teólogos apontaram que, se eles fossem da realeza, seu surgimento no presépio de Jesus poderia cumprir uma profecia descrita no Salmo 72, segundo a qual todos os reis o adorariam. Mas apenas com a criação da Bíblia do Rei James de 1611 os visitantes foram consagrados como "homens sábios", em vez de astrólogos. Àquela altura, a astrologia havia chamado a atenção da população em geral a ponto de ameaçar a autoridade da Igreja na Grã-Bretanha, e algo precisava ser feito.

O Rei James da Inglaterra ordenou que a Bíblia fosse traduzida do latim para o inglês para que o povo pudesse finalmente ler o livro sagrado, em vez de depender exclusivamente da palavra dos clérigos. Os tradutores mudaram cada menção de *magus* para "mágico" ou "feiticeiro" para ajudar a demonizar sua prática. Houve apenas uma exceção: o três magos que visitam Jesus para adorá-lo são transformados em "homens sábios".

O cristianismo não foi a única religião a ter problemas com a astrologia. Ibn Qayyim al-Jawziyyah, um teólogo islâmico do século XIV, abordou o assunto, bem como outras práticas ocultas, ao escrever um texto de repúdio de duzentas páginas chamado *Miftaḥ Dār al-Saʿādah*. Ele entendia que o Universo é um presente de Deus e um sinal de Sua perfeição cósmica, que traz ordem ao caos. Era loucura um humano pensar que poderia compreender até mesmo o menor fragmento dessa obra divina.[46]

Aqueles que acreditavam que as personalidades humanas vinham das estrelas eram, de acordo com al-Jawziyyah, "as mais ignorantes das pessoas, as mais equivocadas e as mais distantes da humanidade". Ele argumenta, inclusive, que astrólogos são piores do que infiéis – para o autor, cristãos. Um de seus argumentos mais peculiares é sugerir que, se estrelas e planetas possuem alguma forma de inteligência ou sagacidade, certamente a exerceriam para abandonar suas órbitas fixas. Visto que não o fazem, diz ele, certamente mantêm-se imutáveis pela vontade do Todo-Poderoso. Outro argumento direto vem um pouco mais tarde, quando ele pergunta por que gêmeos nascidos com poucos momentos de diferença carregam personalidades tão distintas.

Após séculos de destaque, a astrologia entrou em declínio como disciplina acadêmica no final do século XVII. Pelo menos na Inglaterra, isso se deu, em parte, por causa do papel da astrologia na Guerra Civil. Travada entre 1642 e 1651, resultou na execução do Rei Charles I e no estabelecimento de Oliver Cromwell como Lorde Protetor da Inglaterra. Esse flerte com a ideia de ser uma república chegou ao fim em 1660, quando o filho de Charles I foi convidado a voltar do exílio e coroado Charles II. Durante a guerra, astrólogos de ambos os lados se ocuparam com previsões de vitória que estavam, aparentemente, escritas nas estrelas, mas o lado dos republicanos foi o mais vociferante e bem-sucedido por longa margem – afinal, venceu. No desejo de espelhar essa guerra de propaganda, o poeta John Milton descreveu o conflito em termos celestes:

> *Houve guerra por entre as constelações,*
> *Dois planetas correndo de aspecto maligno*
> *No meio do céu, as mais ferozes oposições*
> *Em combate, esferas dissonantes revelam perigo.*

Após a restauração da monarquia, a astrologia caiu em descrédito na Inglaterra por causa da sua associação com as previsões de derrota para os monarquistas. Porém, os tempos mudavam também em toda a Europa. A filosofia do microcosmo-macrocosmo era substituída pelo empirismo, que defendia a observação cuidadosa e a medição da natureza.

Sem a filosofia para sustentá-la, a astrologia estava condenada. Porém, ainda hoje a língua inglesa é repleta de referências ao céu noturno, cujas origens encontram-se na astrologia. Em certa época, a palavra "iluminado" era usada pelos astrólogos para se referir ao Sol ou à Lua, as principais influências astrológicas. Hoje significa alguém que pode inspirar ou influenciar os outros por causa de seu grande conhecimento ou posição. Continuamos a dizer que "as estrelas estão alinhadas" como referência à boa sorte e continuamos a descrever as pessoas em termos astrológicos. Elas podem ser saturninas, o que significa que são lentas e soturnas; mercuriais, ou seja, imprevisíveis; joviais, portanto, alegres e amigáveis; ou marciais, o que significa que são guerreiras.

Quando a astrologia entrou em colapso no século XVII, enfraquecida pelos ataques da Igreja, fomos colocados diante de um momento decisivo em nossa relação com o céu noturno – um momento que alguns filósofos sugerem que nos abala até hoje. Mas, para contemplar a inevitabilidade dessa mudança radical, precisamos voltar no tempo mais uma vez – até os filósofos clássicos do século VI a.C. – e seguir uma linha de pensamento paralela, na tentativa de extrair significado do céu noturno. E, embora essa linha também tenha sido substituída nos tempos modernos, deu origem a uma das imagens mais duradouras de um céu cristão: o querubim tocando harpa.

5
A MÚSICA DAS ESFERAS

No século VI a.C., o grande filósofo Pitágoras estabeleceu uma escola secreta dedicada ao intelectualismo. A irmandade pitagórica acreditava que um dos objetivos da vida era purificar corpo e alma para que nosso espírito eterno pudesse retornar aos céus quando nosso tempo na Terra chegasse ao fim. Nessa missão, quanto mais se sabia sobre a perfeição cósmica do céu noturno, mais organizados tornavam-se a vida e os pensamentos da pessoa, e o espírito estaria mais bem preparado para retornar às estrelas após a morte. Levando isso à sua conclusão, Pitágoras pensou que o estudo do cosmo perfeito permitiria que nos tornássemos perfeitos também e, por fim, indistinguíveis dos deuses. Mas como podemos realmente compreender os céus se tudo o que podemos fazer é contemplar seus ciclos eternos com assombro e admiração?

Segundo a lenda, Pitágoras teve sua epifania ao passar por uma oficina de ferreiros, na qual parou ao ouvir o som de martelos que batiam contra bigornas. Cada um dos martelos produzia uma nota musical diferente, e alguns pares combinados causavam uma consonância agradável, enquanto outros eram desagradavelmente dissonantes. Curioso, Pitágoras entrou na loja para investigar.

Lá dentro, descobriu que os sons eram produzidos por martelos de pesos diferentes. Solicitou que os ferreiros golpeassem os martelos em suas várias combinações para averiguar quais pares produziam consonância e quais produziam dissonância. Dessa forma, Pitágoras identificou os intervalos musicais mais consonantes: a oitava, a quinta justa e a quarta justa. Ao examinar os martelos, surpreendeu-se ao descobrir que existiam relações matemáticas extremamente simples entre os martelos que produziam os intervalos. Para a oitava, um martelo tinha metade do peso do outro; para a quinta justa, um martelo tinha dois terços do peso do outro; por fim, a quarta justa era produzida quando um o martelo tinha três quartos do peso do outro.

O problema dessa história é que ela é falsa.

Muitas ideias são atribuídas a Pitágoras. Contudo, visto que nenhuma de suas obras sobreviveu até os dias de hoje na forma escrita, podemos aprender sobre seu pensamento, seus métodos e suas conclusões apenas por meio de obras de outros autores. A versão mais antiga da história dos martelos de que se tem conhecimento encontra-se nos escritos de Nicômaco, do século II, um matemático da Síria romana (atual Jordânia). O problema é que a tonalidade independe do peso dos martelos. Troque os martelos e as bigornas por instrumentos com cordas de diferentes comprimentos e essas relações matemáticas podem ser demonstradas. Na verdade, é exatamente o que acontece na parte seguinte e mais verossímil da história, quando se diz que Pitágoras correu para casa e iniciou seus próprios experimentos.

Ele construiu um instrumento conhecido como monocórdio, uma única corda suspensa sobre uma caixa de ressonância. A corda é pregada em uma extremidade por uma ponte fixa e na outra por uma cravelha que permite que ela seja esticada. Entre essas duas posições encontra-se uma ponte móvel que permite que o comprimento da corda seja alterado; consequentemente, a altura da nota também se altera quando a corda é dedilhada.

Em comparação com a altura da corda aberta, ao posicionar a ponte móvel no meio da corda produz-se a oitava; ao posicioná-la a dois terços do comprimento da corda, a quinta justa; ao posicioná-la a três quartos, a quarta justa. Foi uma revelação para Pitágoras que proporções simples como essas – 1: 2, 2: 3 e 3: 4 – fossem capazes de produzir os intervalos musicais mais consonantes. Na verdade, a descoberta parecia provar um princípio no qual ele e seus discípulos basearam sua filosofia: que a natureza era a personificação das relações numéricas.

Na escola, aprendemos o teorema de Pitágoras referente ao triângulo retângulo. O teorema diz que a soma da raiz quadrada de cada um dos dois lados menores é igual à raiz quadrada do lado maior, a hipotenusa. Além de ser uma propriedade curiosa dos triângulos, sugere algo extraordinário sobre a natureza: que suas formas e estruturas são a realidade física de relações numéricas ocultas. Podemos investigar essas relações numéricas se traduzirmos a natureza em números. Foi isso que Pitágoras fez com o monocórdio quando alternou a posição da ponte ao longo da corda.

A crença pitagórica na importância primordial dos números levou à frase que hoje resume sua filosofia: "Tudo são números". Trata-se da ideia de que, sem relações numéricas para definir sua forma e tamanho, um objeto simplesmente não pode existir. Em outras palavras, o reino abstrato dos números é mais fundamental do que o físico. Essa crença hoje sustenta toda a ciência moderna: a natureza pode ser compreendida ao ser convertida em números mensuráveis cuja análise pode levar à descoberta de relações matemáticas, as quais nós atualmente chamamos de leis da física.

As descobertas de Pitágoras com o monocórdio levaram-no a acreditar que a música era um sistema padronizador que poderia ser aplicado em toda a natureza. Ele e seus discípulos acreditavam que números ímpares e pares eram coisas fundamentalmente diferentes. Os números ímpares representavam limitações e moderação e eram, portanto, vistos como bons, enquanto os números pares representavam coisas ilimitadas e eram vistos como ruins, porque a ausência de limites em nosso comportamento pode nos arruinar. A escola pitagórica postulava que apenas a música tinha o poder de unir os dois tipos de números e moldá-los como algo bonito, harmonioso. Segundo esse raciocínio, cada uma das relações que descrevem os intervalos consonantes continha um número ímpar e um número par: 3: 4 para a quarta justa, 2: 3 para a quinta justa, 1: 2 para a oitava. Em outras palavras, a música trazia ordem e equilíbrio para aquilo que os pitagóricos viam como números diametralmente opostos.

O conceito de equilibrar os opostos é abundante em toda a filosofia pitagórica. No trabalho de um de seus discípulos, Filolau, o cosmo e tudo o que nele existe pode ser dividido em limitadores e ilimitados. Os corpos celestes, com sua forma e estrutura definidas, são limitadores, enquanto os vastos e infinitos domínios de espaço e tempo são os ilimitados. E, para uni-los, Pitágoras buscou novamente a música.

Ele percebeu que um som se torna musical apenas quando é precedido ou seguido por outro, ou quando ambos são produzidos simultaneamente. Nosso ouvido avalia a diferença entre as duas notas – o intervalo – e decide se a considera consoante e agradável ou dissonante e desagradável. O intervalo pode, então, ser escrito matematicamente. Depois de ponderar como isso poderia ser aplicado aos céus, o filósofo propôs a noção de *musica universalis*, a música das esferas. Assim como as várias notas na escala são alcançadas ao se posicionar a ponte móvel do monocórdio em diferentes pontos ao longo da corda, também os vários corpos celestes estão posicionados a diferentes distâncias da Terra. Assim, Pitágoras imaginou que cada planeta emitiria uma nota de acordo com sua distância da Terra e, juntos, eles ressoariam uma grande harmonia universal.

Pitágoras, como muitos outros de sua época, imaginou que a Terra era o centro fixo do cosmo e que tudo girava em torno dela. Visto que as estrelas são as coisas mais distantes da Terra, Pitágoras equiparou sua distância a uma oitava. Ele, então, representou cada um dos outros corpos celestes como notas na escala, separadas por um intervalo musical. Na música ocidental de hoje, tendemos a usar escalas de sete notas, na qual as notas são separadas por semitons ou tons. Um tom é composto de dois semitons, e o padrão de semitons e tons determina se a escala é maior ou menor.

A escala de Pitágoras tinha uma nota para representar cada um dos corpos celestes: a Terra, a Lua, Mercúrio, Vênus, o Sol, Marte, Júpiter, Saturno e as estrelas. Isso fez com que se tornasse uma escala de oito notas, com o padrão de intervalos correspondendo a tom, semitom, semitom, três semitons, tom, semitom, semitom, semitom. Juntos, esses intervalos somam seis tons (ou doze semitons) de uma oitava. Eles emprestam uma percepção incômoda à escala, reminiscente dos modos menores, e se todas essas notas tocassem juntas, o resultado seria tudo, menos harmonioso.

E assim começou uma odisseia que durou cerca de dois mil anos. O conceito de música das esferas e a busca pela harmonia universal foi explorado e ampliado, aprimorado e decorado, antes de ser finalmente descartado à medida que a ciência, em seus moldes clássicos, ganhava destaque. Hoje, percebemos que o erro foi acreditar que a única relação numérica que objetos com espaçamentos diferentes podem ter na natureza é o equivalente matemático a intervalos musicais. Mas, para Pitágoras, a música foi a primeira coisa natural a ser percebida na forma de números, e ele presumiu que o Universo fora feito para espelhar essa bela harmonia natural.

Essa ideia foi consagrada dois séculos mais tarde na *República* de Platão. O filósofo aderiu a muitos dos ensinamentos de Pitágoras, e em sua obra-prima apresentou a música das esferas como o grande princípio organizador por trás dos movimentos do céu noturno. Para o caso de sua ideia soar um tanto "seca", ele a combinou com sua teoria sobre a alma e a ideia de um Deus julgador que decide nossos destinos, e então disfarçou tudo em um mito no qual uma batalha assustadora é travada.

O guerreiro Er luta por sua vida sem chance de sucesso. Quando o inevitável acontece, seu corpo cai ao chão; no entanto, nos dias subsequentes, não mostra sinais de decomposição. No décimo segundo dia, após ser transferido para a pira funerária, Er abre os olhos. Sua alma foi devolvida ao corpo como que por mágica, sua vida foi retomada e ele tem uma história para contar.

Ele testemunhou a vida após a morte e viu as ligações entre o Céu e a Terra. Observou como as almas são julgadas e recompensadas ou punidas por seu comportamento terreno. As almas que cometeram ofensas são levadas ao submundo para que possam expiá-las. Os bons ascendem e são recompensados. Então, ambos os grupos são reunidos e se solicita a cada alma que escolha uma nova vida para que possa reencarnar e voltar à Terra.

Antes que as almas retornem, o verdadeiro arranjo do cosmo lhes é revelado. Em seu centro está um fuso, segurado por Ananke, a divindade grega da inevitabilidade, compulsão e necessidade. Ao redor do fuso estão as órbitas dos planetas, todas mantidas em movimento pelas Moiras, sentadas ao lado de Ananke. Em cada órbita está uma sereia, que canta uma nota única e pura, que depende da velocidade com que as Moiras giram a órbita. Juntas, essas notas se misturam para formar a harmonia serena da música das esferas.

As almas reencarnadas são então obrigadas a beber do rio do esquecimento. Ao adormecerem, toda a memória de seu julgamento é esquecida e, em vez de acordarem no Céu, reencarnam na Terra. Porém, esse não é o destino de Er; em vez de ser julgado, ele é instruído a observar e relatar seu novo conhecimento à humanidade.

Apresentada dessa forma, é fácil esquecer que a ideia de *musica universalis* foi uma tentativa bem-intencionada e séria de se investigar a natureza, e, embora tenha sido desenvolvida muito tempo antes do advento do método científico, carrega a maioria de suas características.

O que hoje chamamos de ciência foi codificado durante os séculos XVI e XVII, com base no desenvolvimento de relações matemáticas claras entre um sistema de objetos naturais ou fenômenos. Essas relações são usadas para construir uma hipótese que busca descrever o sistema como um todo. A hipótese é então usada para se prever como esse sistema se comportaria em uma situação inédita, e essas previsões são testadas por observação ou medição. Caso as previsões mostrem-se verdadeiras, a hipótese se torna uma teoria. Se as previsões falharem, a hipótese é ajustada e os testes começam novamente. Esse é um resumo do método científico.

No caso da música das esferas, as relações matemáticas foram aquelas que Pitágoras mostrou se relacionarem com os intervalos musicais consonantes. A hipótese era de que os corpos celestes estão localizados a distâncias correspondentes a notas em uma escala musical. E as predições testáveis podem ser consideradas o cálculo de qual nota cada planeta emite.

Nos primeiros textos sobre o assunto, Pitágoras e seus discípulos preocupavam-se apenas com os intervalos, que são a relação ou a distância entre as notas que representam os corpos celestes. Por exemplo, diz-se que Pitágoras calculou que a distância entre a Terra e a Lua correspondia a 126 mil estádios, considerando que um estádio meça 625 passos. Ele estipulou que essa distância fosse o equivalente celestial de um tom. Embora seja sem dúvida um bom começo, a pergunta que realmente precisa de resposta é: que nota a Lua emite? A primeira tentativa registrada de atribuir valores de notas aos corpos celestes vem de Nicômaco, em seu livro *Manual of Harmonics* [Manual de harmonia].

Sua escala planetária se baseia em uma sequência de sete notas que começa em ré e desce pelas demais notas naturais, exceto si, que é bemol. Sabendo que quanto mais rápido uma corda vibra, mais alta é a nota que ela emite, Nicômaco relacionou os objetos celestes mais rápidos às notas mais altas. Portanto, nesse caso, a Lua era ré.

Mas essa hipótese falha no teste porque, caso as notas fossem tocadas juntas, o acorde resultante soaria incrivelmente dissonante.[47] Talvez isso explique por que outros se voltaram a um dos fundamentos principais da teoria musical grega: o Sistema Perfeito Maior.

Trata-se de uma sequência de notas que cobria duas oitavas. Dentro da sequência, a altura de certas notas era fixa, enquanto outras podiam ser afinadas de ouvido, conforme o gosto pessoal do músico. Os corpos celestes foram relacionados às notas fixas, que se distanciavam umas das outras por intervalos de um tom ou de quarta perfeita, o que conferia uma distância harmônica maior entre eles, permitindo que o acorde resultante soasse um pouco mais consoante.

Novamente em um sistema diferente, Ptolomeu, autor do *Almagesto*, não apenas incluiu os corpos celestes, mas dividiu a Terra em seus quatro elementos clássicos – terra, água, ar e fogo – e sugeriu que eles também tinham significado musical. Em *Timeu*, Platão inseriu algumas frases convolutas que os acadêmicos interpretaram como uma sequência de intervalos para os planetas. São baseados nos intervalos pitagóricos perfeitos, de modo que o intervalo da Lua até o Sol corresponde a uma oitava; do Sol até Vênus, uma quinta; de Vênus até Mercúrio, uma quarta; de Mercúrio até Marte, uma oitava; de Marte até Júpiter, um tom (ou seja, a distância entre uma quarta e uma quinta); e de Júpiter até Saturno, uma oitava e uma quinta. Estendendo-se por mais de cinco oitavas, o sistema de fato responde por um aspecto predominantemente consonante.

Ao encontrar pela primeira vez essas várias ideias, é tentador descartá-las como suposições, mas, na verdade, são hipóteses concorrentes que devem ser testadas. Ainda hoje, astrônomos modernos imersos no método científico desenvolvem muitas ideias concorrentes para explicar observações intrigantes e, em seguida, fazem novas observações para decidir qual é correta.[48]

Havia algo que os filósofos clássicos consideravam bonito e, portanto, correto com relação à música das esferas, e isso consolidou a crença que se nutria por ela – embora se tornasse cada vez mais claro que a ideia era simplista demais. Por exemplo, os astrônomos começaram a perceber claramente que o movimento dos planetas era mais complicado do que se pensava. Os planetas não se movem a velocidades constantes noite após noite. Em vez disso, aceleram e desaceleram. Às vezes, desaceleram tanto que parecem retroceder, antes de retomar seu movimento adiante. Nenhum desses comportamentos foi capturado nas várias escalas e esquemas de harmonia celestial. Pelos padrões científicos de hoje, isso deveria ser a sentença de morte da ideia; porém, na época, a ciência ainda engatinhava, e não se compreendia totalmente a importância das evidências.

Platão chegou a desaconselhar que se testasse a música das esferas, argumentando que astrônomos e músicos estavam levando seus assuntos muito ao pé da letra. Ele considerava que o verdadeiro conhecimento existia apenas como relações matemáticas abstratas que nunca poderiam ser verificadas por experimentação ou observação. Na *República*, escreveu: "Toda a magnificência dos céus é apenas o bordado de uma cópia deveras aquém do divino Original, e nada ensina sobre harmonias absolutas ou o movimento das coisas".

Em outras palavras, não importa o quão atentamente olhemos para o Universo ou quão profundamente sejamos capazes de ouvir a música, nossas teorias matemáticas perfeitas nunca se traduzirão em realidade física porque a matéria, de alguma maneira, as corrompe. Esse se tornou o cerne do pensamento clássico. As obras de Aristóteles, filósofo do século IV a.C., ensinaram que os céus eram perfeitos, e a Terra, corruptível. Isso levou à ideia de que os corpos celestes eram feitos de uma substância perfeita: um quinto elemento chamado quintessência, ou éter. Esse elemento criava corpos celestes perfeitamente esféricos, que viajavam em trajetórias perfeitamente circulares e produziam uma música perfeitamente harmoniosa.

A ideia da música das esferas perdurou durante todo o período clássico, mas permaneceu sem novos desenvolvimentos até o século VI, no limiar da Idade Média. Nesse período de transição, apenas alguns indivíduos se apegaram às antigas formas de conhecimento. Um em particular foi o filósofo Anício Boécio. Nascido nas classes dominantes de Roma em 477, tornou-se um dos filósofos medievais mais influentes. Detalhou em seu livro *Formação da música* os mil anos anteriores de debate musical e se tornou a referência nesse assunto durante o milênio seguinte. Transferiu a ideia da música das esferas dos filósofos aos teóricos da música e preparou o terreno para outra tentativa de fornecer uma explicação plausível para a astrologia.

Em seu livro, Boécio agrupou a música em três categorias. Dessas, apenas uma é hoje identificada por nós como música: *musica instrumentalis*. É a música produzida por humanos, com instrumentos ou voz, e, de acordo com Boécio, a forma mais baixa de música, porque é uma tentativa imperfeita de capturar sua pureza, que pode ser encontrada em sua forma natural somente nos céus. Não apenas isso, mas a pessoa que toca o instrumento é a forma mais baixa de músico, pois não entende o que faz – ele é pouco melhor do que um dispositivo que lê um manuscrito e produz som mecanicamente. O compositor está em um nível intelectual ligeiramente superior porque imagina a música; porém, não há garantia de que compreenda o que faz.

Por mais extraordinário que o conceito possa parecer hoje, Boécio definiu o verdadeiro músico como alguém que, sentado na plateia, ouve a música e a compreende. Essa elevação da música a uma disciplina intelectual conduz às suas outras duas categorias, nas quais a música é exclusivamente usada de modo intelectual, e não para o prazer que uma boa melodia proporciona. O pináculo é a *musica mundana*, a música das esferas, e logo abaixo está a *musica humana*, a música interior do corpo humano.

Ao discutir a *musica mundana*, Boécio nos dá a resolução de um debate que perseguiu o assunto desde o início: se a harmonia universal era audível ou não.

Ao dar origem a essa ideia, Pitágoras teria dito ser capaz de ouvi-la. No entanto, obviamente nenhum de nós consegue. Os apoiadores de Pitágoras sugeriram que isso acontece porque nos tornamos tão acostumados com a música que não temos mais consciência dela. Outros pensavam que a música era inteiramente teórica. Mesmo que as relações matemáticas que produzem intervalos musicais consonantes fossem aplicáveis às distâncias entre os planetas, isso não significava que as notas fossem de fato produzidas.

Aristóteles ponderou que o tamanho e a velocidade dos corpos celestes deveriam produzir sons poderosos, dotados de imensa força. Então, ao observar que o ruído excessivo poderia destruir objetos sólidos, ele concluiu que a existência da Terra contradizia a ideia de que música pudesse vir do Universo. Por sua vez, Cícero sentia que os ouvidos humanos simplesmente não eram preparados para ouvi-la – da mesma forma que nossos olhos não são preparados para olhar diretamente para a luz ofuscante do Sol.

Em *Formação da música*, Boécio argumenta que os sons eram reais, mas inaudíveis. Embora não possamos ouvir a música das esferas, ele propôs que a natureza ressoa com a música. Segundo o filósofo, é o motivo para a mudança das estações. Isso marca uma mudança importante no papel da música das esferas. Originalmente, explicava apenas as distâncias dos planetas. Depois, Boécio propôs que a música das esferas era o meio astrológico por meio do qual os planetas influenciam a Terra.

A ideia de que as estações estavam relacionadas à música remonta ao Antigo Oriente. Os chineses identificaram uma sequência de quatro notas – fá, sol, dó e ré – que corresponderiam ao outono, inverno, primavera e verão. De acordo com a lenda, o mestre instrumentista Wen de Cheng podia mudar as estações do ano de acordo com o par de cordas que tocava em sua cítara.

Boécio identificou que a música vinha dos céus, e não de uma pessoa, mas a ideia é essencialmente a mesma: a música tem o poder de transformar a natureza. E na terceira classificação de Boécio, *musica humana*, a música interior do corpo humano, ele discutiu a capacidade da música de nos transformar. "A música", escreveu, "é tão naturalmente intrínseca a nós que não podemos nos livrar dela, mesmo que assim desejássemos".

A ideia remete pelo menos até o século V a.C., quando Platão popularizou a noção de que a música era uma parte não apenas do cosmo, mas também de nossa psique. Para Platão, a música era um preparo essencial para a alma humana. Por meio de sua consonância e dissonância, pode nos dar nossa primeira lição sobre prazer e dor e sobre como responder corretamente a esses estímulos. Ele ressalta que, para fazer um bebê agitado dormir, um pai o balança suavemente e entoa uma cantiga de ninar, usando, assim, ritmo e altura como meios para alcançar quietude e silêncio. "Mais do que qualquer outra coisa", escreve, "ritmo e harmonia encontram seu caminho para o íntimo da alma e assumem controle absoluto."

Assim como há a justificativa astrológica de que existem fenômenos que estão evidentemente relacionados a configurações astronômicas, como as marés altas e as estações, também há justificativa para se pensar na música como uma força essencial. Todos sabemos que a música tem o poder de nos emocionar. Canções em tons maiores são frequentemente descritas como felizes, enquanto tons menores tendem a provocar emoções mais tristes. Os diferentes tipos de tonalidade decorrem da escolha por diferentes sequências de notas. Um padrão fornece o tom maior, outro fornece o menor. Nos tons menores, existem duas sequências ligeiramente diferentes que nos fornecem a harmonia menor e o menor melódico. Existem outras sequências que podemos escolher que nos fornecem o que chamamos de modos. E tudo isso possui características musicais sutilmente diferentes.

Para os filósofos clássicos, essas sutilezas determinavam o impacto emocional. Platão chegou até a prescrever quais escalas devem ser ouvidas para facilitar a entrada de uma pessoa na profissão escolhida. Por exemplo, ele sugeriu que os soldados deveriam ouvir os modos gregos dóricos ou frígios para assim se fortalecerem.

Ao aplicar a música das esferas a uma ampla variedade de fenômenos, Boécio abriu a porta para sua aceitação popular. Ao longo da Idade Média e na Renascença, a ideia da música como elo entre o céu noturno e a alma humana era generalizada. Em *O mercador de Veneza*, Shakespeare escreveu:

> *Senta-te, Jessica. Olha como o chão do céu*
> *É espesso, incrustado com patentes de ouro brilhante.*
> *Não há a menor orbe que vês*
> *Mas em seu movimento como um anjo canta,*
> *Ainda pedindo aos querubins de olhos jovens;*
> *Essa harmonia está nas almas imortais;*
> *Mas enquanto essa vestimenta lamacenta de decadência*
> *Se fecha grosseiramente, não podemos ouvir.*

A ideia foi desenvolvida ao máximo no trabalho de Franchino Gaffurio, um estudioso da música e compositor italiano do final do século XV. Para o frontispício de seu livro de 1496, *Practica musicae*, ele encomendou uma extraordinária xilogravura.

No centro da página agita-se uma serpente de três cabeças. Em sua cauda (no topo da página) está Apollo, em seu trono no céu. Ele segura um alaúde e é flanqueado por querubins, cada um com seu instrumento musical. Na cabeça da serpente está a Terra, subdividida nos elementos clássicos: terra, água, ar e fogo. Ao longo do corpo da serpente estão os planetas, do lado direito, e as musas gregas à esquerda. Entre os planetas, percebe-se a música das esferas nos intervalos, em uma sequência que se transforma em uma escala menor, que consiste em apenas notas naturais, começando em lá. Essas notas são identificadas no lado esquerdo por seus nomes do Sistema Grande Perfeito da Grécia Antiga – mas Gaffurio não para por aí.

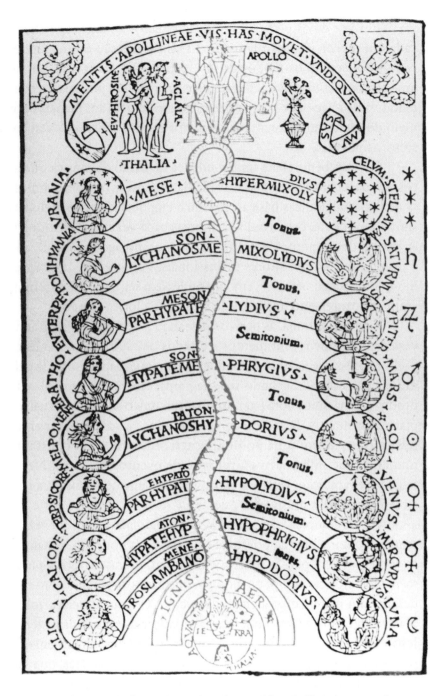

O frontispício da *Practica musicae*, de Franchino Gaffurio (1451-1522), descreve o conceito da música das esferas, associando os planetas a notas em uma escala menor. (Coleção Charles Walker/Alamy)

Em vez de os planetas serem associados a notas específicas, cada um recebe uma escala única. Essas escalas são o que conhecemos hoje como os modos da Igreja medieval. Cada uma possui uma característica musical diferente, e sua inclusão poderia ser uma tentativa de relacionar as propriedades astrológicas aos planetas por meio do efeito emocional que os vários modos musicais exercem sobre as pessoas.

Isso também reflete uma mudança no estilo de música que as pessoas passaram a ouvir na Idade Média. A música, outrora composta de linhas melódicas básicas, passou a englobar diversas melodias simultaneamente, originando harmonias cada vez mais sofisticadas. A isso se deu o nome de polifonia, um campo agora considerado o domínio de compositores profissionais. Por sua vez, as canções monofônicas mais simples, embora pudessem ser também virtuosas, eram crescentemente tachadas de música folclórica amadora.

Com a polifonia, as pessoas passaram a descobrir uma grande variedade de novos sentimentos e estados de espírito que a música podia expressar, e na obra de Gaffurio essa riqueza foi absorvida pela música das esferas. Segundo seu diagrama, em vez de cada planeta produzir uma única nota para originar um único acorde celestial, os planetas cantavam de acordo com seu modo, e essas notas variantes misturavam-se em uma polifonia extraordinária e em constante mudança que influenciava a miríade de eventos na Terra. Nessa inigualável ambição, vemos a expressão máxima que a história tem a oferecer sobre a música das esferas.

A rica complexidade de tal sistema significava que, em vez de tentar deduzir a grande polifonia celestial nota por nota, a maioria se contentava em pensar sobre a música das esferas de forma puramente metafórica. Houve um homem que não se intimidou com esse desafio: um matemático alemão do século XVI que desejava voltar às raízes pitagóricas estritamente matemáticas da música das esferas. Johannes Kepler acreditava que a matemática era uma linguagem que propiciava precisão absoluta – diferentemente das palavras, que são abertas à interpretação. Como devoto luterano protestante, Kepler considerava a matemática a linguagem de Deus. Isso significava que os movimentos dos planetas deveriam ser, essencialmente, matemáticos e, portanto, também musicais, pois, segundo Pitágoras, música era sinônimo de relações numéricas.

Em sua busca para transformar o movimento dos planetas em música, Kepler iniciou um esforço intelectual que mudou nossa relação com o céu noturno para sempre.

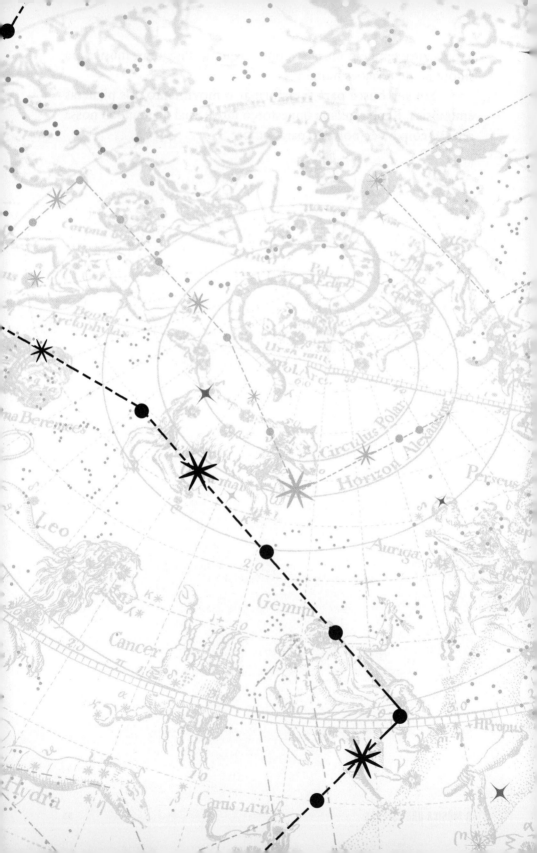

6
DIVISOR
DE ÁGUAS

No início do século XVI, o movimento dos planetas ainda era explicado de uma forma que remontava aos filósofos clássicos do século VI a.C. Baseava-se na ideia de esferas ou orbes celestes, uma sequência de esferas transparentes e aninhadas, feitas de éter (o quinto elemento), que giravam uma dentro da outra e carregavam consigo os planetas.

No primeiro desses esquemas, o orbe mais rápido era o mais distante: a esfera das estrelas fixas. Ele percorria um círculo completo uma vez por dia, de leste para oeste. Os planetas clássicos, que incluíam o Sol e a Lua, moviam-se mais lentamente em seus próprios orbes individuais e à sua velocidade individual, o que explica por que se moviam para o oeste noite após noite contra o pano de fundo das estrelas. Mas, assim como a harmonia celestial descrita no capítulo anterior, esse esquema simples falhou em explicar as várias acelerações, desacelerações e retrocessos dos planetas. Para abordar essas deficiências, Ptolomeu propôs várias soluções em seu livro *Almagesto*.

Para os planetas em retrocesso, ele sugeriu que a casca de cada orbe celestial era suficientemente espessa para conter um orbe menor, chamado de epiciclo, que girava independentemente do orbe maior. Os dois movimentos juntos conduziam o planeta por um caminho em espiral que explicaria esse fenômeno ocasional.

Para a questão da aceleração e desaceleração, Ptolomeu propôs afastar ligeiramente a Terra do centro das esferas celestes. Isso significava que, do nosso ponto de vista, a velocidade dos planetas pareceria aumentar e diminuir. Mas nenhuma das ideias de Ptolomeu reproduziu com precisão o movimento planetário observável, e muitos estudiosos também ficaram desconfortáveis com a ideia de um deslocamento da Terra, pois isso contradizia a teoria de Aristóteles de que a Terra era o elemento mais denso e, portanto, nosso planeta se encontraria bem no centro do cosmo. Os teólogos também não se convenceram, pois fazia pouco sentido que Deus tivesse organizado os céus em torno de um ponto vazio no espaço. No entanto, apesar desses problemas não resolvidos, ambas as ideias, ptolomaicas e aristotélicas, penetraram no pensamento acadêmico da Idade Média e do Renascimento.

A ideia de esferas celestes encontrou seu caminho para a consciência pública porque tanto os teólogos cristãos quanto os islâmicos incorporaram a astronomia de Ptolomeu em sua visão do cosmo. Eles simplesmente adicionaram Deus como o "agente principal", cuja onipotência era responsável por girar os orbes. A ideia de que alguma forma de inteligência estivesse por trás do movimento dos corpos celestes não era nova, mas esses novos teólogos incluíam uma esfera imóvel além das estrelas, que servia como morada de Deus; daí o termo "Sétimo Céu", que significa o reino divino, diferente de qualquer uma das esferas planetárias clássicas.

Foi no início desse debate, por volta do ano 1000 d.C., que a conexão entre o céu cristão e o céu noturno tornou-se um pilar central da religião. Antes disso, a antiga palavra inglesa "Hefon" poderia simplesmente significar céu noturno. A palavra firmamento também foi adotada por acadêmicos cristãos na Idade Média para descrever a esfera das estrelas fixas, que eles viam como uma cúpula sólida na fronteira entre os reinos visíveis do cosmo e o sétimo céu. Em algumas versões dessa ideia, as estrelas são buracos no firmamento através dos quais brilha o branco puro da luz do céu.[49]

Por mais populares que essas ideias tenham se tornado, ainda havia quem se preocupasse com as insuficiências e incompatibilidades do modelo de Ptolomeu. Um dos mais preocupados foi o cônego católico e astrônomo Nicolau Copérnico, que viveu e trabalhou em Frombork, Polônia.

Durante a década de 1510, Copérnico reuniu tabelas de observações astronômicas preexistentes e empreendeu observações próprias com o objetivo de elaborar uma nova ideia de como os céus seriam arranjados. Essas ideias foram apresentadas em um documento intitulado *Commentariolus*. De início, o autor teve o cuidado de mostrá-lo apenas a alguns amigos, pois sua teoria contradizia os ensinamentos de Ptolomeu e Aristóteles. Copérnico havia chegado à conclusão de que os movimentos planetários poderiam ser mais bem explicados se o Sol fosse o centro do cosmo, e a Terra, apenas um dos planetas que seguem uma órbita própria em torno dele. Isso parecia fornecer uma explicação natural para o fato de os planetas ocasionalmente parecerem retroceder no céu.

Imagine todos os planetas em uma pista de corrida circular, com o Sol ao centro. A Terra está na raia três. Nas raias mais próximas ao Sol estão Vênus e Mercúrio; nas raias além da Terra estão Marte, Júpiter e Saturno. Por estarem nas raias internas, Mercúrio e Vênus viajam mais rápido que a Terra. Movem-se na mesma direção, mas se distanciam de nós, e quando alcançam o outro lado da trilha parecem viajar, a partir da nossa perspectiva, na direção oposta; portanto, parecem se afastar do Sol e, em seguida, mudam de direção para voltar até ele.

Marte, Júpiter e Saturno estão nas raias externas. Movem-se mais devagar e, dessa vez, nós fazemos a ultrapassagem. À medida que avançamos pela raia interna, nossa linha de visão muda e os planetas no exterior parecem mover-se para trás no céu, a partir da nossa perspectiva. É como estar em um trem que ultrapassa outro. Conforme passamos, o trem mais lento parece retroceder, ainda que, na realidade, ambos viajem na mesma direção, mas em velocidades diferentes.

A ideia de que a Terra orbita o Sol era ousada, mas não nova. Dúvidas sobre a imobilidade da Terra surgiram repetidamente desde os dias da Grécia Antiga. No século V a.C., Filolau propôs que dia e noite eram produzidos pela órbita que a Terra completava ao redor de um ponto central invisível chamado "fogo central" ou "torre de vigia de Zeus" uma vez por dia. Era isso que fazia parecer que o Sol distante, as estrelas e outros corpos celestes cruzavam o céu. Embora não delimite um cosmo heliocêntrico (com o Sol no centro), o modelo atribui corretamente a maior parte do movimento do céu noturno ao movimento da Terra (ainda que sem entendê-lo plenamente).

Uma visão totalmente heliocêntrica foi proposta por Aristarco de Samos no século III a.C. Ele identificou o fogo central como o Sol e, portanto, moveu-o para o centro fixo do cosmo, propondo que a Terra girasse em seu eixo para produzir o dia e a noite. No mundo islâmico, durante a Idade Média, vários astrônomos também corroboraram a ideia de que dia e noite eram criados pela rotação da Terra em torno do seu eixo. As correspondências remanescentes do astrônomo iraniano Abu Sa'id al-Sijzi, do século XI, deixam claro que ele trabalhou com base nessa suposição.[50]

Por motivos que se perderam na história, porém, Ptolomeu favoreceu o modelo geocêntrico. Talvez porque a ideia da Terra como centro do Universo já tivesse motivado tantas especulações significativas, como a teoria da densidade elementar de Aristóteles. Não obstante o motivo, foi o *Almagesto* que se tornou o trabalho-padrão; portanto, o seu sistema geocêntrico foi adotado pelas religiões e culturas da época – e isso motivou Copérnico a ser cauteloso quanto a publicar suas ideias.

Após seu panfleto inicial, o astrônomo polonês trabalhou por décadas para aprimorar uma versão completa de seu modelo, que poderia reproduzir o movimento dos planetas pelo céu noturno em todas as suas sutilezas. Apesar de não ter conseguido, ficou satisfeito o suficiente com seus resultados a ponto de publicá-los pouco antes de morrer, em 1543, em um livro chamado *De revolutionibus orbium coelestium* [Sobre as revoluções das esferas celestiais]. Na introdução, Copérnico explicou que sua motivação era fornecer uma teoria mais precisa a respeito dos movimentos planetários para aumentar a exatidão das previsões astronômicas e, assim, permitir que um calendário melhor fosse produzido.

Essa era uma grande preocupação na época. Países católicos usavam o calendário juliano, introduzido por Júlio César em 46 a.C. Era um calendário solar que se apoiava no cálculo de que um ano durava 365,25 dias. A maioria dos anos desse calendário durava 365 dias, mas cada quarto ano era chamado "salto" e incluía um dia extra. Foi de longe o calendário mais preciso de sua época, mas continha um pequeno erro. A duração média de um ano não é de 365,25 dias, mas 365,24217. Isso significava que o calendário juliano sobreavaliava a duração de um ano por onze minutos. Nas décadas seguintes à sua introdução, esse erro foi quase imperceptível, mas, por volta do século XVI, a discrepância havia se acumulado tanto que o calendário e as estações tinham cerca de dez dias de diferença. O equinócio da primavera passou a acontecer em 10 ou 11 de março, em vez de 21 de março. Isso era importante para a Igreja porque interferia na definição da data de certos festivais religiosos. Algo precisava ser feito.

Astrônomos católicos romanos em toda a Europa passaram a olhar para o céu novamente e fizeram novas medições de momentos-chave, como as épocas dos equinócios e solstícios, para que a duração do ano pudesse ser calculada com mais precisão e um sistema melhor de anos bissextos fosse desenvolvido. Foi solicitado a Copérnico que contribuísse com o esforço, e o sistema heliocêntrico que propôs foi posteriormente utilizado em 1551 pelo astrônomo alemão Erasmus Reinhold para calcular as Tabelas Prutênicas. Isso forneceu posições atualizadas das estrelas e dos planetas em vários momentos e foi uma das principais fontes utilizadas na construção do novo calendário.

Por fim, foi acordado que um ano bissexto aconteceria a cada quatro anos, exceto nos casos em que cairia em um ano que não era divisível por quatrocentos. Isso significava que os anos 1600 e 2000 seriam anos bissextos, mas 1700, 1800 e 1900, não. Essa pequena mudança significava que, em vez de haver cem anos bissextos em quatrocentos anos, haveria apenas noventa e sete. Em 24 de fevereiro de 1582, o Papa Gregório anunciou o novo calendário.

Para colocar a sociedade de volta em sincronia com os movimentos do céu noturno, dez dias seriam adicionados de imediato ao antigo calendário juliano, que seria então substituído pelo novo calendário gregoriano.[51] Isso estava programado para acontecer à meia-noite de 4 de outubro de 1582, e a manhã seguinte seria oficialmente 15 de outubro. Porém, apesar das vantagens práticas, rivalidades religiosas fizeram com que nem todos se interessassem em fazer isso. Países cristãos protestantes, em particular, não estavam dispostos a seguir uma liderança católica romana.

Foi apenas quase dois séculos depois, com a Lei do Calendário (Novo Estilo) de 1750, que a Grã-Bretanha e suas colônias se ajustaram. Na Suécia, o plano era implementar a reforma gradualmente, excluindo todos os anos bissextos entre 1700 e 1740. No entanto, por alguma razão, esqueceram de eliminar os anos bissextos de 1704 e 1708, o que levou o país a abandonar totalmente o plano. Assim, um dia foi adicionado ao ano de 1712, que se tornou um ano bissexto duplo, para se retornar à sincronia com o calendário antigo. A confusão finalmente terminou em 17 de fevereiro de 1753, quando, à meia-noite, o resto do mês foi dispensado e a Suécia acordou em 1º de março do calendário gregoriano.

Embora o sistema heliocêntrico de Copérnico tenha sido útil, ainda era intrigante para as autoridades da Igreja. Por terem promovido fortemente a ideia de que os céus foram concebidos em torno de uma sequência de esferas celestes centradas na Terra, igrejas de todas as doutrinas relutavam em admitir que estavam erradas. Ao fazer isso, correriam o risco de ceder autoridade aos astrônomos. Como resultado, astrônomos perceberam-se submetidos ao mesmo escrutínio – até mesmo sob suspeita – que os astrólogos.

Na tentativa de facilitar sua recepção em círculos religiosos, o livro de Copérnico continha uma introdução anônima que fora inserida antes de ele ser impresso, sem o conhecimento do autor. Era quase certamente uma tentativa de apaziguar qualquer potencial controvérsia a respeito da proposta de rearranjo dos planetas.

A pessoa considerada responsável pelo prefácio era o teólogo protestante Andreas Osiander, que havia supervisionado as fases finais da impressão. Ele escreveu que *De revolutionibus* continha ideias que deveriam ser interpretadas apenas como receitas matemáticas; poderiam ser usadas para fornecer previsões mais acertadas dos movimentos celestes, mas nunca deveriam ser interpretadas como uma proposta de que a Terra realmente se movesse. Um astrônomo sempre escolheria a hipótese mais fácil, escreveu Osiander, ao passo que um filósofo tenderia àquela que ele considera correta, mas nenhum terá certeza de nada, pois a verdade só pode ser alcançada por meio da revelação divina. Com essas palavras, ele procurou tranquilizar os teólogos de que eles mantinham plena autoridade, mas os astrônomos ficaram desconfortáveis com a sugestão de que sua matemática era uma artimanha.

Ao longo dos séculos, os observadores do céu desenvolveram um conjunto de instrumentos que poderiam transformar o céu noturno em números, fornecendo-lhes os dados brutos de que precisavam para fazer os cálculos. Era uma forma de se conectarem intelectualmente com o céu noturno e deduzir o que acontecia em um reino que ninguém imaginava que poderia ser visitado. Na época de Copérnico, os materiais disponíveis incluíam a balestilha, o astrolábio, a esfera armilar e o quadrante. Apesar de variarem em complexidade e precisão, todos serviam ao mesmo propósito básico de medir a posição de corpos celestes em relação a uma posição fixa na Terra.

Essas medições podiam, então, ser verificadas em relação às previsões dos vários "modelos" do cosmo – como os de Ptolomeu e Copérnico – para se verificar qual reproduzia as observações mais precisas. Porém, um modelo é apenas tão útil quanto as observações que procura reproduzir e, na época anterior aos telescópios, era difícil utilizar com precisão os instrumentos disponíveis.

Teólogos e filósofos com frequência criticavam a imprecisão dos astrônomos. Eles apontavam como os astrônomos achavam difícil medir os detalhes dos movimentos planetários, o que – segundo eles – seria importante para distinguir entre os vários modelos de como o cosmo era organizado. Portanto, por uma questão de conveniência, teólogos e filósofos argumentavam que o modelo deveria ser mantido. Copérnico, no entanto, era mais inteligente do que isso. Ele apontou um aspecto negligenciado do movimento planetário que claramente descreditava o modelo geocêntrico de Ptolomeu.

Ele estudou o retrocesso dos planetas exteriores e notou um novo detalhe que o modelo de Ptolomeu não conseguiu explicar: o retrocesso de Marte, Júpiter e Saturno apenas acontece quando esses planetas se aproximam de suas altitudes mais elevadas, à meia-noite. Esse movimento circular não ocorre em nenhum outro momento. Copérnico percebeu que, se fosse causado porque a Terra está em uma raia interna e ultrapassa o planeta externo, então, no momento em que a Terra vai à frente, nosso mundo sempre estará diretamente entre o Sol e o planeta em questão. Isso significa que o planeta distante sempre estará diretamente oposto ao Sol no céu, o que fará com que apareça em sua maior altitude à meia-noite.

Com essa constatação, Copérnico compreendeu que, logicamente, a Terra se movia. No entanto, por mais que tentasse, ainda não conseguia fazer com que seu modelo reproduzisse totalmente os movimentos dos planetas. Hoje, podemos identificar o motivo: ele manteve a ideia dos orbes celestes, o que significava que também mantinha a ideia de que os planetas moviam-se em círculos perfeitos. Foi um erro que Copérnico não percebeu e, por fim, teve de apresentar seus próprios epiciclos, que eram ainda mais complicados do que o modelo ptolomaico que tentava simplificar. No entanto, ele havia estabelecido que a Terra realmente se movia pelo espaço.

As vendas de seu livro *De revolutionibus* chegaram às centenas, mas não aos milhares, o que fez com que alguns historiadores acreditassem que o livro foi um fracasso. A verdade, porém, é mais sutil.

O astrônomo e historiador do século XX Owen Gingerich passou trinta e cinco anos rastreando quase trezentas cópias remanescentes da primeira e da segunda edições do *De revolutionibus* na tentativa de encontrar notas que leitores pudessem ter feito nas margens. Ao fazer isso, descobriu que o livro, cuja apresentação era altamente técnica, fora lido por todos os maiores astrônomos da época, e as notas que fizeram em suas cópias mostram que levaram o conteúdo a sério.[52] Um desses leitores foi Johannes Kepler, nascido em 1571, em Weil der Stadt, Suábia (atual Alemanha).

O interesse de Kepler pelo céu noturno despertou quando, aos seis anos, sua mãe o levou para fora de casa para mostrar-lhe um grande cometa que cruzava o céu. Ele se deparou com o modelo copernicano dos planetas – e as ideias sobre astrologia – quando estava na Universidade de Tübingen. Tornou-se hábil na construção de horóscopos ao praticar com seus colegas, mas foi sua educação teológica que indiscutivelmente exerceu o maior impacto sobre ele, porque, em dado momento, decidiu que queria se tornar um ministro protestante luterano.

As grandes conjunções de Júpiter e Saturno de 1583 a 1723, desenhadas por Johannes Kepler (1571-1630). O diagrama mostra as constelações zodiacais em que esses alinhamentos ocorreram. (Wikimedia)

No entanto, foi persuadido a assumir o cargo de professor em Graz e lá teve um momento de inspiração que levaria à descoberta do verdadeiro aspecto das órbitas planetárias. Ele contemplava uma das mais belas paisagens do céu noturno, a chamada grande conjunção entre Júpiter e Saturno. Trata-se de evento bastante raro, que acontece apenas no intervalo de décadas, quando Júpiter ultrapassa Saturno e os dois planetas brilhantes parecem se aproximar um do outro no céu noturno. Júpiter brilha um branco intenso, enquanto Saturno exibe um sutil tom ocre. As grandes conjunções eram consideradas astrologicamente significativas por causa do padrão que marcavam no céu.

O padrão surge por puro acaso e deriva do fato de que cada grande conjunção sucessiva acontece aproximadamente com uma diferença de dezoito a vinte anos. O fato de Saturno levar aproximadamente trinta anos para circundar o Sol significa que o planeta anelado viaja cerca de dois terços do caminho através de sua órbita, ou a cerca de 240° pelo céu, entre grandes conjunções sucessivas. Ao longo de cinquenta a sessenta anos, aproximadamente, acontecem três grandes conjunções que definem um triângulo equilátero no céu. Os astrólogos chamavam esse triângulo de trígono e, visto que cada ponto do triângulo recai em um signo diferente do zodíaco, consideravam que a natureza dizia que essas constelações estavam de alguma forma conectadas.

Outra distinção é que Saturno não realiza duas órbitas completas a cada trígono. Isso significa que esse planeta não retorna exatamente à sua posição inicial, e isso faz com que cada trígono sucessivo se altere em 7 ou 8°, aproximadamente, ao longo do zodíaco. Visto que os astrólogos dividiram o zodíaco em doze signos, cada um dos quais com 30° de largura, quatro trígonos sucessivos cairiam no mesmo conjunto de constelações antes de se deslocarem e formarem outro conjunto. O fato de existirem doze constelações zodiacais significa que existem quatro conjuntos de três constelações. Cada trígono foi associado a um dos quatro elementos clássicos. O trígono terrestre inclui Áries, Leão e Sagitário; o trígono da água, Gêmeos, Libra e Aquário; o trígono do ar, Touro, Virgem e Capricórnio; e o trígono do fogo, Câncer, Escorpião e Peixes.

Para os astrólogos, como tudo isso se encaixava nitidamente, deveria haver algum significado profundo. Comentários sobre a suposta importância dessas conjunções são encontrados pela primeira vez nos escritos de astrólogos muçulmanos em Bagdá, dos séculos VIII e IX, embora as ideias sobre as quais escrevem possam ter se originado no Irã alguns séculos antes.[53] Atribuiu-se um significado especial aos anos em que o trígono passou de um conjunto de constelações para o próximo. Isso ocorria após cada quarto trígono, mais ou menos a cada dois séculos, e era considerado um momento de mudança histórica. No entanto, o maior significado foi reservado para o momento em que todo o ciclo havia passado e estava prestes a recomeçar. Isso acontecia aproximadamente a cada oitocentos anos e, de acordo com astrólogos, separou a história em "grandes eras".

Astrólogos cristãos e teólogos reconheceram que houve seis grandes eras desde a Criação bíblica, que representavam os tempos de Enoque, Noé, Moisés, as dez tribos de Israel, o Império Romano e o nascimento do Cristo e, finalmente, a fundação do Sacro Império Romano por Carlos Magno. Em 1583, quando Kepler se aproximava da adolescência, outro ciclo teve início, tendo sido considerado um evento importante.[54]

Marcando apenas a segunda grande era desde o nascimento de Cristo, a conjunção de 1583 desencadeou uma torrente de publicações que previam várias desgraças para a sociedade europeia. Uma linha persistente de pensamento afirmava que o julgamento final bíblico se aproximava. Para conter a crescente onda de preocupação pública, o papa emitiu em 1586 uma bula que proibia todas as práticas divinatórias, mas as previsões continuaram, principalmente em países protestantes. Na década de 1590, quando Shakespeare escreveu *Henrique IV*, o autor satirizou ou simplesmente recordou todo esse furor, na Parte II, Ato II, Cena IV, em que fez com que os personagens Príncipe e Poins discutissem o significado de uma conjunção entre Saturno e Vênus no "Trígono de fogo".

O interesse de Kepler estava direcionado ao fato de que as órbitas de Júpiter e Saturno pareciam projetadas para causar grandes conjunções. Ele imaginou Deus posicionando os planetas com precisão nos trajetos durante a Criação. Por volta de 1590, ele também acreditava que Deus o havia abençoado com a intuição para perceber o motivo fundamental das posições dos planetas. A justificativa encontrava-se em formas geométricas invisíveis que funcionavam como andaimes para manter os planetas separados.

Ao propor essa ideia, Kepler inspirou-se na obra de Platão. Em *Timeu*, Platão descreve os cinco "sólidos perfeitos". São formas tridimensionais construídas por meio do encaixe de equiláteros bidimensionais. Nesse sistema, seis quadrados podem ser acoplados para criar um cubo, quatro triângulos equiláteros podem ser encaixados para criar um tetraedro em forma de pirâmide,[55] oito triângulos equiláteros podem ser encaixados para formar um octaedro, doze pentágonos formam um dodecaedro e vinte triângulos equiláteros formam um icosaedro. Esses são os únicos cinco sólidos perfeitos possíveis, e Platão propôs que os quatro primeiros fossem as formas microscópicas assumidas pelos elementos clássicos, terra, água, ar e fogo. A quinta forma, o icosaedro, seria o éter/quintessência celestial.

Kepler pensava que versões muito maiores dos sólidos platônicos mantinham os orbes celestes dos planetas separados. Ele calculou que as esferas de Saturno e das estrelas podiam ser mantidas separadas por um cubo, as esferas de Júpiter e Saturno por um tetraedro e assim em diante. Para provar seu grande projeto, que seguia o modelo de Copérnico, com o Sol no centro dos planetas, ele conseguiu financiamento de Friedrich I de Württemberg para a construção de um modelo feito de prata. O plano era que ficasse na entrada do salão do palácio do duque, onde se tornaria motivo de debate. Kepler até prometeu que a tubulação seria oca, para que funcionasse como distribuidor de bebidas. Cada forma teria uma bebida que refletisse as propriedades astrológicas do planeta que representava. No caso de Saturno, a bebida seria cerveja ruim ou vinho de rolha. O duque ofereceria aos seus convidados uma bebida de boas-vindas da escultura e riria com escárnio de qualquer pessoa ignorante o suficiente para escolher a bebida da taça de Saturno.

As peças do modelo foram fabricadas com especificações precisas de Kepler e levadas ao palácio para a montagem – porém, ocorreu um desastre. As peças não se encaixavam. O erro ocorreu porque ele seguiu a suposição de Copérnico de que as órbitas dos planetas eram circulares. Humilhado, Kepler vendeu a prata como sucata e voltou à prancheta, determinado a descobrir onde tinha errado. Seu constrangimento levou-o a se dedicar com afinco, até chegar a uma descoberta que ajudaria a desencadear a revolução científica.

★ ★ ★

Kepler percebeu que tinha de investigar não apenas a dimensão das órbitas dos planetas, mas também suas formas verdadeiras. Para isso, no entanto, ele precisava de algo que não tinha: uma coleção de observações astronômicas zelosamente guardada, algo único na história da humanidade, em razão de sua quantidade de informações e precisão. A coleção pertencia ao nobre dinamarquês Tycho Brahe e era nada menos do que o trabalho de sua vida. Porém, era também bastante inútil na forma como estava. Definhava entre um amontoado de livros-razão, como longas listas de ângulos entre corpos celestes. Somente após uma análise meticulosa, realizada por meio de um modelo astronômico, seria possível revelar o tamanho e a forma da órbita de cada planeta.

Tycho, já em idade avançada, estava desesperado para conhecer essas órbitas, pois assim poderia prever as posições futuras dos planetas, deixando, assim, um almanaque celestial preciso como legado para a humanidade. No entanto, ele não possuía conhecimento matemático suficiente para dissecar suas observações. Sendo assim, Kepler e Tycho combinavam perfeitamente. Kepler tinha a capacidade intelectual, Tycho tinha as informações. Mas quando os dois se encontraram, em 4 de fevereiro de 1600, no Castelo de Benátky, perto de Praga, os problemas logo surgiram.

Tycho apegava-se ao antigo modelo geocêntrico, enquanto Kepler tinha certeza de que Copérnico estava correto. Ambos tiveram uma áspera discussão. Um precisava do outro, mas ninguém cedia. No final, uma tragédia ocorreu.

Tycho morreu de maneira repentina, provavelmente de uma infecção na bexiga, e, durante a confusão, Kepler roubou suas observações e fugiu. Ele então lutou com os dados por décadas e preencheu milhares de páginas com cálculos, em um combate contra o que ele passou a chamar de "guerra com Marte", até encontrar a forma matemática que reproduzia perfeitamente o movimento desse planeta pelo céu noturno: era uma elipse, não um círculo. A chave para encontrar essa resposta foi, primeiro, remover os efeitos da própria órbita da Terra. Feito isso, todos os ciclos retrógrados desapareceram, e o que restou foi o verdadeiro movimento de Marte. Encorajado pela descoberta, ele analisou as observações a respeito dos outros planetas e descobriu que também seguiam suas próprias elipses. No final, descobriu que poderia resumir em apenas três linhas matemáticas a maneira como todos os planetas se movem. Conhecidas como leis de Kepler do movimento planetário, estão, até hoje, entre as primeiras coisas ensinadas em qualquer curso de astronomia.

A primeira das leis de Kepler postula que os planetas se movem em órbitas elípticas ao redor do Sol. A segunda é uma descrição matemática de como um planeta acelera e desacelera, dependendo da posição em que se encontra em sua órbita. A terceira lei relaciona a velocidade média de um planeta ao tamanho de sua órbita, mostrando que planetas mais distantes se movem com velocidades médias menores.

Não é exagero dizer que essas leis simples são um divisor de águas na história. As leis de Kepler são verdadeiras para todos os planetas em órbita ao redor do Sol, incluindo aqueles que Kepler não sabia que existiam e que foram descobertos apenas séculos mais tarde. Também explicam o movimento de milhares de outros planetas que, nas últimas décadas, nossos modernos telescópios descobriram em órbita ao redor de outras estrelas.

Além da ciência que essas conquistas gerariam, o valor cultural era incalculável. Ao medir as posições das estrelas, Tycho Brahe capturou a natureza e transformou-a em números. Depois, Kepler usou a matemática para transformar essas informações em algo mais significativo: um modelo preciso dos movimentos planetários. Foi um espantoso grito de guerra da intelectualidade, que provou que não eram as escrituras, mas a medição e o intelecto que seriam capazes de revelar os segredos do céu noturno.

Kepler publicou uma grande síntese de suas ideias em 1619, em um livro intitulado *A harmonia do mundo*. Nessa obra, transformou as várias órbitas elípticas dos planetas em escalas musicais.

Segundo Kepler, o caráter elíptico da órbita de um planeta determinava o intervalo de notas em sua escala. Por exemplo, o caminho mais elíptico era percorrido por Mercúrio, portanto, ele atravessava a maior gama de notas musicais. A órbita de Vênus, por outro lado, era quase indistinguível de um círculo perfeito. Se houvesse uma gama de notas, disse Kepler, deveriam ser separadas por uma díese – um pequeno intervalo altamente dissonante.

A Terra, disse ele, variava entre duas notas separadas por um semitom. Ele até mesmo rotulou-as como as notas mi e fá do sistema Solfège de nomes de notas, do século XI. Sempre desesperado com as dificuldades da vida, Kepler observou que mi e fá eram as notas perfeitas para a Terra, onde a miséria e a fome dominavam.

Além de definir os intervalos de notas que os planetas emitiam, ele também os relacionou aos registros vocais. Mercúrio era soprano, Terra e Vênus eram os contraltos, Marte o tenor, Júpiter e Saturno os baixos.

Como Gaffurio, ele pensava que, conforme os planetas se moviam, produziam uma polifonia complexa. Era uma espécie de moteto – uma composição de vozes entrelaçadas que criavam uma harmonia em constante mudança. Ele percebeu que, à medida que essas seis linhas se entrelaçavam, produziam principalmente dissonâncias, mas tinha esperança de que também houvesse passagens cadenciadas e momentos de beleza.

Ele também percebeu que havia algo ligeiramente estranho com relação à música cósmica. As notas de cada planeta não soariam em intervalos discretos, movendo-se de uma nota para outra. Em vez disso, deslizariam uma para outra, como uma sirene. Isso acontecia porque os planetas se movem suavemente por suas órbitas, em vez de pular bruscamente de uma etapa para outra.

Outra questão que Kepler abordou foi se a música se repetia. Para isso, os planetas teriam de retornar periodicamente para suas configurações iniciais, e Kepler percebeu que era praticamente impossível sincronizar seis planetas para que isso acontecesse. Assim, ele sugeriu que, quando Deus criou o Universo, os planetas foram posicionados para produzir uma cadência perfeita, mas essa gloriosa harmonia jamais se repetiria.

A interpretação de Kepler das órbitas planetárias em termos musicais é, sem dúvida, uma das maiores criações da mente humana. Conforme outros estudiosos se familiarizavam com seu trabalho, questionavam a necessidade de tamanho esforço intelectual. As leis de Kepler podem ser usadas de forma puramente matemática para prever as localizações dos planetas no futuro e suas posições no passado. Essa foi a informação essencial para conferir sentido ao céu noturno, e dependia apenas de matemática, não da música.

Com essa descoberta, a ideia de que a música rege o Universo entrou em colapso. Os filósofos naturais que seguiram Kepler tornaram-se cada vez mais indistinguíveis dos cientistas de hoje, no sentido de que começaram a procurar relações matemáticas em vez de musicais para compreender a astronomia e a natureza de modo geral. Em 1623, o astrônomo italiano Galileu Galilei – de quem falaremos em breve – expressou essa opinião em seu livro *O ensaiador*:

> *O Universo não pode ser lido até que tenhamos aprendido o seu idioma e nos familiarizado com os personagens em que ele foi inscrito. Foi escrito em linguagem matemática, e as letras são triângulos, círculos e outras formas geométricas, e sem elas é humanamente impossível compreender uma única palavra. Sem essas formas, é como se vagássemos por um labirinto escuro.*

E Kepler ainda não havia terminado de remodelar nossa compreensão do céu noturno. A questão que ele abordou em seguida foi *por que* os planetas se moviam. Kepler sabia que a ideia de orbes celestes carregando os planetas não era mais sustentável por causa das observações que Tycho havia feito em 1577. Naquela época, o dinamarquês observou o mesmo cometa que desencadeara o interesse de Kepler pelo céu noturno. Quando Kepler ainda era criança, Tycho comandava um grupo de astrônomos na ilha dinamarquesa de Hven e estava em processo de construir um observatório extraordinário para uso da equipe. Chamado Uraniborg, em homenagem a Urânia, a musa grega da astronomia, tinha instrumentos de observação em versões maiores e acopladas ao chão. Entre os equipamentos havia uma esfera armilar de 1,6 metro de diâmetro, um quadrante de dois metros de um lado a outro e uma esfera armilar básica de gigantescos três metros. Com instrumentos assim superdimensionados, era possível ler os ângulos com mais precisão, porque as escalas eram muito maiores.[56] Mesmo trabalhando antes da invenção do telescópio, seus habilidosos astrônomos fizeram leituras de ângulos que tinham apenas um centésimo de grau de diâmetro. Eles mediram a duração do ano com diferença de um segundo para o valor atual e a inclinação do eixo da Terra até a unidade de um centésimo de grau.

Nessa época, a maioria pensava que cometas eram efeitos atmosféricos. O pintor e astrônomo alemão Georg Busch chegou a publicar a opinião de que os cometas "são formados pela ascensão dos pecados e da maldade humana transformados em uma espécie de gás, e inflamados pela ira de Deus. Esse material venenoso volta a cair sobre a cabeça das pessoas e causa todo tipo de danos, como pestilência, morte súbita, clima instável e os franceses".

As observações de Tycho sobre o cometa foram feitas com um quadrante de latão de 65 centímetros e, quando foram analisadas por Kepler, ele percebeu que o corpo celeste cruzava as órbitas dos outros planetas sem obstáculos. Portanto, não poderia haver esferas celestes sólidas carregando os planetas, como Ptolomeu havia sugerido e o mundo havia aceitado. E Kepler não parou por aí; ele e Tycho desferiram um golpe fatal em outro conceito fundamental da crença astronômica: que os céus eram perfeitos e imutáveis. Essa ideia fora estabelecida por Aristóteles e sugeria que Deus – o ser perfeito – seria incapaz de criar os céus de qualquer outra forma senão perfeita. Esse foi o argumento usado para explicar por que as estrelas pareciam imutáveis em suas constelações noite após noite, ano após ano.

Não obstante, tanto Kepler quanto Tycho viram novas estrelas aparecerem nos céus. Essas "novas", como ficaram conhecidas, foram apresentadas no século XX como estrelas em erupção, ou mesmo explosivas, que se tornam temporariamente brilhantes o suficiente para serem vistas a olho nu. Mas, para Tycho e Kepler, para reis e líderes da época, e também para a população em geral, o súbito aparecimento de novas estrelas era algo extraordinário. Essa descoberta foi um golpe de martelo contra a ideia aristotélica do divino e dos céus imutáveis, porque qualquer mudança percebida implicaria um afastamento da perfeição – ou, até mesmo, que nunca houve perfeição. Quando Tycho viu uma nova em 1572 e Kepler outra em 1604, ambos lutaram para explicar as consequências. Por fim, aceitaram que tais eventos tinham significado astrológico e religioso.

Tycho associou sua nova com a grande conjunção de 1583 e alertou para consequências que durariam décadas, apesar de não ter feito previsões específicas. A nova de Kepler, de 1604, veio em momento e lugar particularmente espinhosos do céu noturno porque coincidiu com uma grande conjunção de Júpiter e Saturno. Essa foi a primeira grande conjunção a ocorrer nas constelações de fogo e supostamente marcou o início de uma nova grande era. Por coincidência, na época, a Terra havia ultrapassado Júpiter, fazendo com que o planeta retrocedesse no céu, e isso causou uma conjunção tripla, na qual Júpiter pareceu circular de volta para passar por Saturno uma segunda vez, e depois uma terceira, enquanto Júpiter retomava seu movimento de avanço. E então, quando o drama parecia ter acabado, a nova de Kepler apareceu perto do local da conjunção.[57]

Kepler decidiu que tudo isso tinha grande significado religioso e que devia ser uma mensagem de Deus para a Terra. Sem dúvida, ao pensar sobre o último julgamento profetizado, ele implorou aos leitores de seu livro, *De Stella Nova*, que se arrependessem de seus pecados. Claro, não ocorreu cataclisma algum, mas, na época em que Kepler publicou suas duas primeiras leis planetárias, em 1609, um evento que abalaria a Terra e mudaria para sempre a maneira como pensamos sobre o Universo se aproximava.

Galileu Galilei foi professor de matemática, geometria e astronomia na Universidade de Pádua, na Itália. Em 1609, ele ouviu falar de um dispositivo inventado pelo fabricante de óculos holandês Hans Lippershey que possibilitava ampliar objetos distantes. O boato alcançou-o em meados de maio, e ele imediatamente começou a manipular lentes na tentativa de reproduzir o instrumento.

Galileu lutou durante o verão e o outono e, quando o Sol se pôs em 30 de novembro, ele ergueu sua invenção – o telescópio – e a apontou para o céu noturno. Ele buscou a Lua, na fase crescente havia apenas quatro dias, e percebeu como a luz do Sol rastejava pela superfície lunar. Ele mapeou o corpo celeste pelos cinco dias seguintes e descobriu que a Lua era montanhosa e coberta de crateras.[58] Em 18 de dezembro, ele apontou o telescópio para a Via Láctea e fez a descoberta seguinte, quando viu a faixa enevoada de luz se definir em estrelas individuais. Em 7 de janeiro de 1610, observou Júpiter e descobriu três "estrelas" perto do planeta. Na noite seguinte, percebeu que a posição das três estrelas tinha mudado de configuração. Ele soube imediatamente que testemunhava algo sem precedentes, mas algumas nuvens frustraram seu "forte desejo" de voltar a observar o planeta na noite seguinte. Ele continuou a observar e descobriu uma quarta "estrela" perto de Júpiter.

Apenas cinco dias depois, percebeu que as quatro estrelas orbitavam ao redor do planeta – não eram estrelas, eram luas.

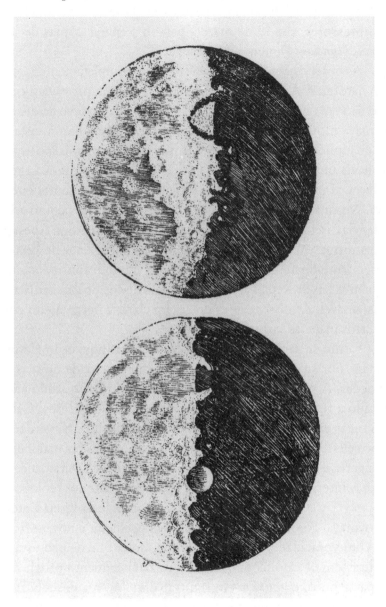

Com um telescópio, Galileu descobriu que a Lua era um mundo montanhoso, similar à Terra. Isso contrariou a ideia de que era uma esfera perfeita, composta de uma substância celestial chamada éter.
(Biblioteca de Imagens Science & Society/Getty)

Percebendo a natureza histórica de suas descobertas, no dia seguinte ele começou a preparar suas observações para que fossem publicadas. Em 30 de janeiro, já estava em Veneza, em contato com os impressores. Em 19 de março, passou a enviar cópias do livro *Sidereus Nuncias* (O mensageiro estelar).[59]

As observações de Galileu invalidaram completamente as ideias de Aristóteles. As crateras e montanhas da Lua provavam que o astro não era uma esfera perfeita. Em vez disso, o relevo acidentado a tornava nitidamente parecida com a Terra – sem éter à vista. As luas de Júpiter apresentavam seu próprio problema, pois mostravam que havia um centro orbital no cosmo que não se situava ao redor da Terra. E quanto mais Galileu observava, mais perguntas encontrava. No final de 1610, ele viu que Vênus exibia fases como a Lua, evidência direta de que seguia uma órbita ao redor do Sol. Apesar de alguns afirmarem que isso só provava a heliocentricidade de Vênus (e, consequentemente, Mercúrio), a verdade era que, considerando-se também as leis de Kepler, o antigo conceito de cosmo geocêntrico era insustentável. As observações deixavam claro: a Terra, assim como os outros planetas, orbitava o Sol.

Como se sabe, Galileu foi julgado pela Inquisição Católica Romana por sua insistência em demonstrar a verdade de suas observações. A primeira ocorrência ocorreu em 1616, quando ele foi alertado a referir-se a suas ideias apenas como hipóteses. Galileu ignorou as ameaças repetidas vezes e reafirmou que, na verdade, o corpo celeste que se movia era a Terra, não o Sol, mas seu maior crime foi sugerir a reinterpretação da Bíblia e insistir na aceitação da sua visão. A interpretação bíblica cabia exclusivamente aos teólogos do Vaticano. Era o alicerce sobre o qual a autoridade da Igreja Católica se assentava. Porém, Galileu continuou a perseguir a nova astronomia com voracidade, em parte porque temia que os protestantes subjugassem os católicos em termos de conhecimento progressivo, em parte porque pensava em seu trabalho como a descoberta de uma verdade fundamental sobre o reino de Deus e, portanto, algo justificado religiosamente.

A paciência do Vaticano com Galileu chegou ao fim em 1633. Ele foi julgado e considerado "veementemente suspeito de heresia". Ele então renunciou a suas opiniões sobre astronomia e permaneceu em prisão domiciliar pelo resto da vida. Esse foi um momento da história considerado um caso de "dogma religioso *versus* verdade científica", principalmente após o dramaturgo alemão do século XX Bertolt Brecht usar o evento como uma crítica severa ao autoritarismo, em sua peça *A vida de Galileu*. Na verdade, foi mais complicado do que isso.

Na década de 1620, os jesuítas do Colégio Romano passaram a considerar o modo de pensar de Galileu. Além disso, iniciaram uma discussão cuidadosa com os teólogos do Vaticano sobre alterações na interpretação da Bíblia. Mas o maior obstáculo era que nenhuma observação provava categoricamente que a Terra se movia. Na verdade, o melhor teste, que era procurar por um fenômeno conhecido como paralaxe, parecia demonstrar que a Terra era fixa.

Paralaxe é a mudança de posição de um objeto em primeiro plano em relação a um pano de fundo ao se olhar para ele de uma perspectiva diferente. Isso é fácil de se demonstrar: erga seu dedo indicador a cerca de trinta centímetros do seu rosto; feche um olho e observe a posição do dedo em relação ao fundo. Agora, troque – abra o olho que estava fechado e feche o que estava aberto –, mas não mova o dedo. Você notará imediatamente que, apesar de permanecer parado, seu dedo parece ter dado um salto frente ao pano de fundo. Repita o experimento com o braço totalmente esticado. Dessa vez, a distância que seu dedo parece percorrer será muito menor. Portanto, se a Terra se movesse, as estrelas próximas deveriam se mover em relação às mais distantes. Mas isso não parecia acontecer. A paralaxe não era observada.

Hoje sabemos que isso acontecia porque as estrelas encontram-se tão distantes que os telescópios da época não eram capazes de mostrar o fenômeno. Na verdade, a tecnologia não melhorou o suficiente até o século XIX. Mas a falha do século XVII em detectar o fenômeno significava que os teólogos não estavam dispostos a mudar suas interpretações da Bíblia: o sucesso das leis de Kepler, que presumiam a Terra em movimento em sua previsão da moção planetária pelo céu, não era visto como uma evidência forte o suficiente sem a observação da paralaxe para sustentar a sua validade.

Em retrospecto, é fácil qualificar essa decisão como estúpida e dogmática, mas na época ela foi considerada a mais prática. Se mil anos de crenças bíblicas e sabedoria cultural estavam prestes a ser invalidados, aqueles que estavam no poder deveriam possuir evidências esmagadoras para justificar tal rebelião. E, na época, a Igreja estava muito mais preocupada com outras observações de Galileu, que haviam sido verificadas pelos jesuítas e eram causa de graves inquietações teológicas.

Estamos falando das observações que mostravam miríades de estrelas no céu noturno que eram invisíveis ao olho nu. Assim que Galileu ergueu seu telescópio, pôde ver muito mais do que fora visto até então. Hoje, consideramos isso totalmente normal, mas, na época, foi um grande choque, e levou a uma pergunta que atingiu o âmago de nossa compreensão a respeito do céu noturno e do nosso lugar em relação a ele. Por que Deus esconderia coisas de nossa vista?

Em busca da resposta, o Ocidente continuou a redefinir nossa relação com o céu noturno, afastando-o cada vez mais das antigas certezas e, por fim, abandonando-as por completo. Segundo alguns psicólogos, a mudança da nossa compreensão do papel do céu noturno em nossas vidas foi tão profunda que ainda sofremos com o choque.

7
CATÁSTROFE E A MENTE EM RUÍNAS

Segundo a filosofia cristã, Deus projetou tudo o que há no mundo para que fosse útil à humanidade. Com relação ao céu noturno, a ideia predominante era de que ele funcionava como um mecanismo de marcação do tempo. Os planetas e outros corpos celestes moviam-se pelo mostrador do relógio do Universo, no qual as constelações eram usadas para marcar seu progresso. Então, quando Galileu e outros encontraram tantas estrelas até então invisíveis espalhadas pelo céu noturno, a ideia foi posta em dúvida. O dilema de por que Deus teria escondido essas estrelas alimentou um debate teológico, que vinha ganhando impulso havia vários séculos, sobre o conceito do pecado original e a queda de Adão e Eva após comerem da árvore proibida no Jardim do Éden.

O debate era centralizado na natureza exata da Queda e do impacto que ela teve sobre nós. Em um discurso de 1662 para a congregação da Catedral de St. Paul, em Londres, o pregador Robert South descreveu Adão como um filósofo que tinha o conhecimento perfeito da natureza e do cosmo dado por Deus.[60] Como parte do castigo de Deus por comer o fruto proibido, essa compreensão do cosmo foi tirada de Adão. Mas exatamente quanto conhecimento foi tirado de nós?

Em um trabalho publicado em 1620 chamado *The Great Instauration* [A grande instauração],[61] o filósofo inglês Francis Bacon descreveu como a emergente "filosofia mecanicista" de pessoas como Kepler e Galileu poderia redescobrir o conhecimento perdido de Adão e responder à pergunta sobre quanto conhecimento fora perdido com a Queda.

A filosofia mecanicista foi assim chamada porque presumia que o cosmo funcionava como um mecanismo gigante, com regras rígidas de causa e efeito. Bacon especulou que, se baseássemos nossas teorias apenas na observação e experimentação, nossa compreensão da natureza e do cosmo poderia retornar à sua condição original e perfeita. Era um conceito poderoso, que ele detalhou no seu livro seguinte, *Novum Organum*, também publicado em 1620. Ele desaconselhava que novas ideias se baseassem em outras mais antigas e não comprovadas ou que se estendessem ideias além do que se poderia demonstrar experimentalmente. Era o início do método científico, que enfatiza a necessidade de testar continuamente nossas ideias com novas investigações.

Robert South poderia muito bem ter lido o trabalho de Bacon. O momento de seu discurso ocorreu quase dois anos após o Rei Charles II conceder uma carta régia para a inauguração da Sociedade Real de Londres para Aprimoramento do Conhecimento Natural. Esse grupo se dedicava à investigação baconiana da natureza. Seus membros chegaram até a adotar o lema *nullius em verba*, que significa nunca acreditar apenas na palavra de alguém.

As descobertas telescópicas de Galileu sugeriram que havia uma nova maneira de interpretar a Queda. Em vez de apenas arrancar o conhecimento da mente de Adão, talvez Deus tenha alterado o cosmo para esconder a maior parte dele de nossos olhos, ou simplesmente entorpeceu nossos sentidos. De qualquer maneira, perdemos nossa capacidade de ver todas as estrelas. Isso significava que, longe de ser uma ameaça à autoridade religiosa, a invenção do telescópio era fundamental para a salvação da humanidade – era o instrumento da redescoberta do conhecimento perdido de Adão e a expiação do pecado original. Em seu outro extremo, o recém-inventado microscópio realizava uma função semelhante e mostrava-nos coisas pequenas demais para serem vistas a olho nu. O grande experimentalista inglês Robert Hooke escreveu algo nesse sentido no prefácio de *Micrographia*, seu livro de 1665, que apresentou seus desenhos do mundo invisível visto em seu microscópio.

A adesão à nova filosofia mecanicista e experimentalista colocou muitas ideias antigas sob um novo escrutínio, o que levou ao abandono total das teorias de Aristóteles referentes à física, bem como aos elementos clássicos, terra, água, ar e fogo. Em 1611, conforme possíveis desdobramentos das novas observações astronômicas começavam a ficar mais claros, John Donne lamentou em seu poema "An Anatomy of the World" [Uma anatomia do mundo]:

Surge, então, a nova filosofia e invoca dúvida
O elemento fogo extingue-se de forma súbita
Perdemos o Sol e a Terra, e não há destreza
Que aponte ao encontro dessas ambas grandezas

Essa incerteza persistiu durante a maior parte dos anos 1600. Foi somente na segunda metade do século que o projeto de uma nova certeza foi apresentado. Quando chegou, veio de uma fonte inesperada: um recluso excêntrico de Cambridge chamado Isaac Newton.

Tudo começou em janeiro de 1684, quando o astrônomo Edmond Halley se encontrou com Christopher Wren e Robert Hooke. Os três eram filósofos mecanicistas, membros da Royal Society, e estavam em busca do fator fundamental que forçava os planetas a obedecer às leis de Kepler. Eles percebiam que as leis implicavam que o Sol emanava alguma espécie de influência, mas a descrição estritamente matemática de seu comportamento não parecia fazer sentido.

Dos três homens, Halley era o melhor matemático, mas até ele ficou perplexo. Ele só conseguia pensar em uma saída: abordar Isaac Newton, sujeito introvertido, mas talentoso filósofo naturalista que havia se afastado da Royal Society mais de uma década antes para viver como um recluso na Trinity College, em Cambridge. Wren encorajou Halley a fazer a viagem. Hooke foi contra, pois havia entrado em conflito com Newton em uma discussão sobre a natureza das cores na década de 1670.

Ignorando Hooke, Halley viajou para Cambridge em agosto de 1684 e pediu ajuda. Para espanto do matemático, Newton afirmou já ter feito os cálculos necessários, mas quando Halley pediu para verificá-los, Newton pareceu fazer uma busca superficial e declarou que havia perdido as anotações. Ele prometeu refazer os cálculos e enviar para Londres.

Meses se passaram e, enfim, em uma reunião da Royal Society em novembro, um pequeno documento foi entregue a Halley. Era a prova que ele esperava – e muito, muito mais. Newton claramente havia se dedicado ao problema e conseguiu derivar todas as três leis de

Kepler com a suposição de que uma força vinha do Sol. Ele chamou essa força de "gravidade" e mostrou que, para fazer os planetas se moverem como Kepler descreveu, ela precisava se comportar de uma maneira muito específica. Se um planeta estivesse duas vezes mais afastado que outro, então a gravidade que agia no mais afastado seria um quarto da que agia no mais próximo. Se estivesse três vezes mais distante, a força seria um nono. Isso é conhecido como lei do inverso do quadrado e aparece muito na física. Por exemplo, também rege a maneira como uma fonte de luz diminui com a distância. Então, se uma estrela estiver localizada duas vezes mais longe que outra estrela idêntica, parecerá ter um quarto do brilho.

Newton generalizou a primeira lei de Kepler para demonstrar que o formato preciso de uma órbita era determinado pela velocidade média do corpo celeste. Isso significava que as elipses eram apenas um formato possível. Esse fato se tornaria extremamente importante para Halley quando ele passou a considerar o formato das órbitas dos cometas. Mas, por ora, abismado com o que havia lido, Halley voltou a Cambridge para obter a permissão de Newton para divulgar o documento. Newton recusou.

Ele disse a Halley que havia vislumbrado uma maneira de estender o trabalho para além dos planetas, abrangendo o movimento de todas as coisas. Se tivesse razão, estaria à beira de uma descoberta completamente nova a respeito de como as forças fazem todas as coisas se moverem. A chave era a gravidade, que agia em todas as escalas do cosmo e também na Terra. Ele pensava que um objeto caía ao chão pela mesma razão fundamental que a Lua circundava a Terra. Como da primeira vez que Halley o encontrou, Newton ainda não tinha a prova matemática. Mas, dessa vez, ambos percebiam o que estava em jogo.

Por milhares de anos – senão dezenas de milhares –, a percepção da humanidade a respeito do céu noturno se baseou na suposição de que era um reino essencialmente diferente da Terra e, portanto, sujeito a regras diferentes. Se bem-sucedido, Newton derrubaria totalmente essa noção. Uma descrição matemática unificada dos movimentos celestes e terrestres provaria que as mesmas leis naturais operavam em ambos os lugares.

Newton ficou tão absorto em seus cálculos que passou a comer pouco, isso quando comia. Ele seguia com suas tarefas diárias até ser atingido por um raio de inspiração e correr para sua mesa, onde muitas vezes trabalhava em pé, esquecendo-se de puxar uma cadeira. Após três anos de esforço contínuo, ele concluiu o trabalho. O resultado foi a maior obra-prima científica da história: *Philosophiæ Naturalis Principia Mathematica* [Princípios matemáticos da filosofia natural]. Publicado em julho de 1687, era um trabalho labiríntico de matemática que demonstrava que o movimento sempre era produto de uma força. Se algo se move, a força fundamental que o impulsiona sempre pode ser calculada. Às vezes, a força era óbvia, como um cavalo que puxa uma charrete ou uma pessoa que joga uma bola para o alto. Outras vezes, a força era invisível, como quando uma pedra rola ladeira abaixo ou um planeta cruza o céu noturno. Newton mostrou que a força invisível sempre foi a gravidade, uma força atrativa gerada por todos os corpos que possuem massa.

Por mais surpreendente que possa parecer, a chuva cai na Terra pelo mesmo motivo que uma estrela cadente cruza o céu noturno: devido à ação da gravidade. Os únicos fatores que afetam a força da gravidade são as massas dos dois objetos envolvidos e a distância entre eles. Ao mostrar isso, Newton unificou o trabalho de Kepler sobre movimento celeste e o trabalho de Galileu sobre o movimento da Terra. Além disso, a fórmula matemática de Newton para a gravidade permitiu que previsões fossem feitas, testadas e observadas. Se as previsões se mostrassem verdadeiras, então, independentemente de alguém gostar da ideia ou não, ela teria de ser aceita como a verdade – e foi aí que Halley e seu cometa entraram.

Além de fornecer a centelha inicial para o trabalho, o astrônomo também participou da publicação de *Principia*. Ele atuara como editor e até mesmo como financiador do projeto, após os recursos da Royal Society terem se esgotado com a publicação de *History of Fishes* [A história dos peixes], que foi um fracasso.[62] Então, passou a usar a gravidade como meio de compreender as órbitas dos cometas.

Hoje sabemos que os cometas são fragmentos de gelo e rocha do tamanho de montanhas que se condensaram longe do Sol quando os planetas se formaram, mas na época de Halley eles ainda eram um tanto misteriosos. Tycho e Kepler mostraram que eram corpos celestes, mas claramente seguiam caminhos muito diferentes das órbitas dos planetas. Para provar isso em *Principia*, Newton analisou dois cometas, um que havia aparecido no céu noturno de 1680 e outro em uma manhã de 1681. Ele considerou que eram o mesmo corpo, viajando em uma órbita altamente alongada ao redor do Sol, e com essa suposição descobriu que as duas trajetórias poderiam ser entendidas como diferentes comprimentos de uma curva bastante fechada conhecida como parábola.

A partir de então, Halley assumiu o desafio e começou a calcular as órbitas de vinte e três outros cometas que apareceram entre os anos de 1337 e 1698. Ao trabalhar com os dados, três cometas destacaram-se de imediato. Apareceram em 1531, 1607 e 1682. Todos seguiram rotas semelhantes. Após uma investigação mais detalhada, Halley concluiu que eram, na verdade, o mesmo corpo que retornava repetidamente. E, se fosse o caso, com base na órbita elíptica que calculou, ele seria visto novamente entre o final de 1758 e o início de 1759.

No dia de Natal de 1758, o fazendeiro e astrônomo amador alemão Johann Georg Palitzsch viu um cometa aparecer no céu. Uma rápida verificação da localização provou que era, na verdade, o cometa de Halley, que retornara como previsto. Esse foi um momento importantíssimo para a revolução científica. O que começou quando Copérnico defendeu o movimento da Terra foi, enfim, coroado com a unificação de Newton da física terrestre e celeste. A descoberta foi a prova de que a análise matemática poderia revelar a causa dos eventos físicos e a ordem do cosmo. Demonstrava o poder da ciência de prever o futuro (vencendo, assim, os astrólogos em seu próprio jogo) e preparou o terreno para a explosão da investigação científica de todos os campos, que continua até hoje. Essa grande revolução cultural ficou conhecida como Iluminismo, em que tradição e hierarquia foram reexaminadas com as qualidades recém-valorizadas da razão e da ciência.

É impossível exagerar o significado desse momento na história. Mas também havia um lado negativo. Como Edmond Halley e outros começavam a perceber, nem todas as suas novas descobertas eram agradáveis. Na verdade, em seu estudo a respeito dos cometas, Halley havia encontrado algo assustador.

Ao calcular as trajetórias altamente elípticas seguidas pelos cometas, Halley viu como esses misteriosos corpos celestes saíam das profundezas do espaço, cruzavam a órbita da Terra e avançavam em torno do Sol antes de voltar para a escuridão, cruzando o caminho da Terra mais uma vez. Halley percebeu que, ao cruzar nossa órbita, um cometa poderia colidir conosco.

Ele sabia que precisava apresentar essas descobertas aos colegas, mas temia que isso o colocasse em conflito com as autoridades religiosas e o deixasse vulnerável à acusação de alarmismo. Então, com a promessa de que suas descobertas não seriam divulgadas para o público em geral, ele se apresentou diante de seus colegas da Royal Society em dezembro de 1694 e falou secretamente sobre como o fim da civilização poderia originar-se do céu noturno.

Era um pensamento assustador, e ele começou a ponderar se haveria alguma evidência histórica relacionada a uma catástrofe semelhante. Sua mente voltou-se imediatamente para o dilúvio bíblico. No Livro do Gênesis do Antigo Testamento há uma releitura de um mito do dilúvio que se originou na Mesopotâmia, nos épicos de Ziusudra e Gilgamesh. Na versão cristã, Deus derrama água dos céus por quarenta dias e quarenta noites para submergir o mundo e destruir a humanidade por seus pecados e maldade. As únicas pessoas salvas são Noé, seus filhos e suas respectivas esposas. Noé constrói uma arca na qual embarca um macho e uma fêmea de cada espécie animal, e escapam do genocídio divino.

O que despertou o interesse de Halley foi a causa do dilúvio. Ele verificou os registros meteorológicos dos condados mais chuvosos da Inglaterra e calculou que, mesmo a uma taxa constante de quarenta dias e quarenta noites, não haveria chuva suficiente para submergir toda a Terra, porque a tempestade totalizaria apenas vinte e duas braças (cerca de quarenta metros) de água. Portanto, apenas as regiões costeiras seriam afetadas. Para que a inundação se alastrasse até o interior, seria necessário algo muito mais catastrófico. Dada a ausência de milagres no dia a dia, ele percebeu que o Todo-Poderoso costumava fazer uso de meios naturais para executar Sua vontade, e propôs que a colisão de um cometa poderia, de alguma forma, fazer com que os oceanos engolfassem vastas áreas de terra, provocando o dilúvio.[63]

Quanto ao local do impacto, Halley sugeriu que o cometa criaria uma grande depressão, como a do Mar Cáspio ou dos grandes lagos encontrados no mundo todo. Talvez a sua ideia mais criativa tenha sido a de que o continente norte-americano era particularmente frio no inverno porque já esteve no polo norte. O impacto do cometa teria afastado o continente da região polar, mas vastas reservas de gelo teriam permanecido congeladas sob o solo.

Sua exposição gerou interesse e muita discussão entre seus colegas, e Halley, encorajado, voltou uma semana depois com novos pensamentos, revelados nas mesmas condições. Ele disse que uma pessoa cujo julgamento ele respeitava o havia abordado e sugerido que um cometa que colidisse com a Terra causaria uma catástrofe ainda mais avassaladora que uma mera enchente. Na opinião dessa pessoa, a colisão poderia ter acontecido antes da criação bíblica e teria destruído completamente o mundo anterior. Em meio a esse caos, nosso mundo teria sido, então, criado pela intervenção divina. Halley passou a sugerir que talvez, em algum momento futuro, outra catástrofe semelhante pudesse assolar a Terra, se Deus julgasse ser a melhor maneira de garantir o bem-estar do planeta.

A preocupação de Halley de que seu trabalho deveria permanecer inédito nos arquivos da Royal Society não era compartilhada por todos. Apenas dois anos depois, em 1696, um ex-aluno de Isaac Newton publicou essencialmente a mesma ideia em um livro chamado *A New Theory of the Earth from its Original to the Consummation of All Things* [Uma nova teoria sobre a Terra, da sua origem ao fim de todas as coisas]. O autor era William Whiston, um promissor acadêmico de Cambridge que, com o passar do tempo, foi se tornando cada vez mais propenso a se envolver em controvérsias em virtude de suas predições. Ele finalmente foi expulso da universidade por heresia contra a Igreja Anglicana, a saber, a rejeição da Santíssima Trindade,[64] e passou a dar palestras públicas sobre ciência. Ele também ofereceu um prêmio em dinheiro para a primeira pessoa que descobrisse uma maneira de determinar a longitude no mar, uma proposta que foi retomada pelo Parlamento no Ato Longitudinal de 1714.

Em 1736, entretanto, Whiston foi longe demais. Ele deixou Londres em pânico ao afirmar que um cometa destruiria a Terra em 16 de outubro, gerando incêndios ou até mesmo colidindo com o planeta. Com o aumento da ansiedade, o arcebispo de Canterbury interveio e afirmou que a previsão era falsa – o que de fato acabou se demonstrando. Após o caso, Whiston tornou-se motivo de chacota para o público geral e um pária entre seus pares.

Ainda assim, não era necessário analisar registros históricos metodicamente para encontrar evidências reais de rochas que caem do céu. Um exemplo particularmente célebre foi a grande história da "pedra do trovão" de Ensisheim, na Alsácia, que atualmente faz parte do território da França.

De acordo com relatos da época,[65] uma explosão estrondosa ecoou por Upper Rhineland, alguns minutos antes do meio-dia em 7 de novembro de 1492. O estrondo fez com que as pessoas saíssem de casa e se submetessem ao clima gelado da região, que incluía a cidade murada de Ensisheim e diversos vilarejos montanheses. Todos buscavam a causa do estampido. Um garoto que estava fora da cidade chegou com a resposta. Ele tinha visto uma pedra enorme rasgar o céu e cair em um campo próximo. O rapaz conduziu o povo da cidade ao local, e lá, maravilhados, todos contemplaram uma pedra negra em uma pequena cratera, com cerca de um metro de profundidade. Organizando-se em equipes, eles puxaram a protuberância triangular até o nível do solo e começaram a lascar pedaços para levar para casa como sinal de boa sorte. Quando o magistrado da cidade apareceu, pôs fim à coleta de suvenires cósmicos e transportou a rocha para a igreja da cidade.

O Rei Maximiliano chegou cerca de duas semanas e meia depois, a caminho da guerra contra os franceses. Ele e seus conselheiros inspecionaram a rocha e decidiram (talvez não surpreendentemente) que deveria ser um presságio de boa sorte. Então recolheram dois fragmentos para levar como talismãs e prosseguiram para a batalha. Um grande pedaço da pedra permanece em exibição até hoje no Musée de la Régence, em Ensisheim.

Hoje chamamos essas rochas de meteoritos. São pedaços dos primeiros corpos planetários que se formaram em nosso sistema solar, 4,6 bilhões de anos atrás, e são compostos principalmente de pedra e metal. Orbitam muito mais perto do Sol do que os cometas. Sabemos que os meteoritos de metal são particularmente interessantes porque já estiveram enterrados nos corações de planetas recém-nascidos que não sobreviveram até a maturidade como a Terra. Em vez disso, foram destruídos e reduzidos a fragmentos pelos impactos gigantescos sobre os quais Halley e Whiston especulavam.

No século XV, os meteoritos também eram evidência de que o cosmo se constituía do mesmo material que compunha a Terra, não de algum material especial com qualidades divinas, como Aristóteles havia afirmado. E Ensisheim não foi o único exemplo. Outros meteoritos caídos do céu foram registrados. O mais antigo no ano de 861, em Nogata, Japão, onde um brilho reluzente foi visto à noite. Na manhã seguinte, os habitantes locais encontraram um meteorito do tamanho de um punho em uma pequena cratera. Até hoje, a pedra espacial é mantida próxima do santuário de Suga-Jinja. Tornou-se um símbolo da religião xintoísta, uma das formas sobreviventes de animismo – a religião humana original, de acordo com a qual se acreditava que tudo possuía um espírito. É exibida para o público apenas uma vez a cada cinco anos, quando é carregada pelas ruas em um carrinho decorado, encabeçando um desfile.[66]

Desde o início da história, muitos templos gregos e romanos tiveram pedaços de meteoritos consagrados em seu interior. Embora a análise moderna revele que, às vezes, as rochas não vieram realmente do espaço, o fato de esses itens serem venerados devido a sua suposta origem extraterrestre é o principal fator que devemos considerar. Muitos mitos e histórias folclóricas envolvendo meteoritos foram criados ao longo dos séculos, comumente centrados em alguém que vê o rastro brilhante de uma estrela cadente gerada pelo meteorito ao passar pela atmosfera.[67] Por exemplo, na Suábia, atual Alemanha, uma estrela cadente era considerada sinal de que o ano vindouro seria auspicioso. Na Suíça, pensava-se que as estrelas cadentes eram uma mensagem de Deus, que protegia a nação contra alguma praga. No Chile, eram consideradas um sinal de boa sorte, mas para ativar essa sorte você deveria apanhar rapidamente uma pedra do chão. No Japão e no Havaí, a boa sorte trazida por uma estrela cadente só pode adentrar o seu corpo se você afrouxar a roupa.[68]

Embora os avistamentos de estrelas cadentes tenham sido geralmente associados à boa sorte, o trabalho de Halley e Whiston chamou a atenção para o fato de que grandes meteoritos poderiam causar danos extensivos, até mesmo destruição em massa. Qualquer dúvida a esse respeito seria logo solucionada após o amanhecer de 15 de fevereiro de 2013, quando um pedaço de rocha de vinte metros de diâmetro e com mais de doze mil toneladas invadiu nossa atmosfera nos arredores de Chelyabinsk, na Rússia. A bola de fogo criada era mais brilhante que o Sol e explodiu no meio de sua jornada, o que produziu uma chuva de meteoritos e uma onda de choque que danificou mais de sete mil edifícios da região. Milhares de pessoas ficaram feridas, principalmente pelos estilhaços das janelas da área afetada pela onda de choque. Felizmente, ninguém morreu, e o impacto em Chelyabinsk foi muito pequeno. Para encontrar algo maior, precisamos voltar pouco mais de um século, ao impacto de Tunguska.

Tunguska é uma região remota da Sibéria, quase desabitada. Em 30 de junho de 1908, uma grande explosão abalou o local. Reconstituições feitas por computador sugerem que a Terra foi atingida por um meteorito – ou, talvez mais precisamente, por um pequeno asteroide rochoso – com entre 60 e 190 metros de diâmetro. O evento causou uma liberação de energia centenas ou milhares de vezes maior do que a liberação causada pela bomba atômica lançada em Hiroshima, no final da Segunda Guerra Mundial, destruindo cerca de oitenta milhões de árvores. A onda de choque arrancou os galhos das árvores, transformando-as em postes de madeira. Não houve registro de mortes, mas uma testemunha ocular fez um relato arrepiante dessa manhã inesperada. Essa testemunha, um comerciante chamado Semenov, estava do lado de fora de sua casa na hora do café da manhã quando viu o céu "se dividir em dois" e fogo surgir no alto da floresta. O fogo se espalhou rapidamente por metade do céu e Semenov foi acometido por uma sensação insuportável de calor, como se sua camisa estivesse em chamas. Antes que pudesse reagir, a fenda no céu se fechou e um som explosivo lançou-o alguns metros para trás. Enquanto jazia desamparado no chão, sua esposa saiu de dentro da casa e o ajudou a se abrigar. Mas o caos não havia terminado. Um rugido estrondoso agrediu os ouvidos do casal, como se "rochas caíssem ou canhões fossem disparados". Semenov abaixou a cabeça e esperou que, a qualquer momento, pedras caíssem e os esmagassem. Mas a comoção passou, e ele e sua esposa estavam vivos. O grande calor havia deixado marcas de queimadura no chão, e o barulho estrondoso havia destruído as janelas.[69]

Por mais assustador que pareça, não é nada comparado ao que os cientistas acreditam ter ocorrido na península de Yucatán, no México, sessenta e cinco milhões de anos atrás. Uma enorme cratera, hoje enterrada sob o oceano, foi descoberta na costa de Chicxulub. Para criar tal estrutura, um asteroide com cerca de dez quilômetros de diâmetro deve ter colidido com o nosso planeta. Curiosamente, o momento do impacto coincide aproximadamente com um evento de extinção em massa chamado Extinção do Cretáceo-Paleogeno (K-Pg), em que três quartos das espécies vegetais e animais da Terra pereceram. Entre os mortos estavam os últimos dinossauros.

Embora isso não tenha sido comprovado em definitivo, estima-se que o calor produzido pelo impacto gigantesco provocou incêndios no mundo inteiro. Florestas e plantas explodiram em combustão espontânea e os detritos lançados ao céu por causa da colisão caíram de volta à Terra, esmagando tudo o que teve o azar de estar no caminho. Essa chuva mortal atingiu o mundo inteiro, pois alguns dos destroços foram lançados até o limite do espaço antes de se precipitarem novamente sobre o solo. Uma grande quantidade de poeira e outros materiais leves permaneceram suspensos na atmosfera por muitos anos, o que bloqueou a luz solar e fez com que as temperaturas caíssem. Tudo o que havia sobrevivido ao fogo do impacto teria de lidar com o frio congelante de um inverno permanente. Plantas morreram por falta de luz solar, que não era capaz de penetrar na atmosfera empoeirada, e a fome global atingiu o topo da cadeia alimentar. Exterminou os dinossauros sobreviventes e abriu caminho para a ascensão dos mamíferos menores e mais aptos a procurar comida, que evoluíram em humanos.

Mais uma vez, não se trata de uma narrativa muito diferente do catastrofismo de Halley e Whiston, mas, em vez de a Terra ser devastada e reformada por Deus, as espécies animais dominantes foram exterminadas, abrindo caminho para uma nova dinastia. Segundo estimativas atuais, asteroides superam os planetas em nosso sistema solar em uma proporção de um bilhão para um e, embora a vasta maioria circule pacificamente ao redor do Sol em órbitas seguras, alguns executam órbitas mais excêntricas e podem se aproximar e se tornar uma ameaça. Telescópios de observação modernos e técnicas de pesquisa computadorizadas mostram que não há "asteroides-matadores-de-dinossauros" em nossa direção, mas corpos do tamanho do que atingiu Tunguska, capazes de devastar toda uma cidade, ainda não foram completamente mapeados. E provavelmente nunca identificaremos todos os corpos do tamanho daquele de Chelyabinsk. Podemos lidar com eles apenas conforme aparecem.

É incrível a rapidez com que o céu estrelado deixou de ser o palco do paraíso para ser o mensageiro do inferno na Terra.

8

OS MORTOS DA MEIA-NOITE, O MEIO-DIA DO PENSAMENTO

Antes da revolução científica, a conexão que o indivíduo sentia com o céu noturno provavelmente era forte e imediata. Sem a poluição das luzes para prejudicar a vista, as estrelas surgiam no céu e considerava-se que espelhavam as idas e vindas na Terra. Mais do que isso, pensava-se que tudo na Terra poderia ser compreendido ao se estudar o estado do céu noturno. O trabalho dos grandes astrônomos durante os séculos XVI e XVII mudou tudo. Suas descobertas enterraram fatalmente as velhas formas de se atribuir sentido ao cosmo e nos obrigaram a retomar nosso relacionamento com o céu noturno a partir do zero; nossa conexão foi cortada, exceto por aqueles poucos indivíduos da elite, os astrônomos, que investigavam essa nova compreensão do Universo.

Essa é a grande ironia da revolução científica. Com sua ênfase na previsão e na prova, a ascensão da ciência mergulhou a Europa e seu povo em um estado de profunda incerteza. As velhas "verdades" sobre astrologia e nossos elos com o céu noturno foram eliminados, sem nada para substituí-los exceto a promessa de que a ciência forneceria as respostas.

No início do século XX, ao contemplar esse momento do passado e refletir sobre como ele levou ao surgimento do mundo moderno, o sociólogo alemão Max Weber cunhou o termo "desencanto". Ele identificou o Iluminismo e a revolução científica como os momentos em que deixamos de encantar a Natureza com conversas sobre deuses e espíritos e nos concentramos na racionalidade e na ciência para resolver nossos mistérios. Ele acreditava que, ao fazer isso, nos privamos de algo mágico que despertava nossa imaginação e nos conectava de uma forma emocional com o céu noturno e as outras maravilhas da natureza.[70] A perda dessa conexão, ele pensava, nos afetou em um nível profundamente psicológico.

Uma coisa que mudou de imediato foi nossa percepção do céu noturno. Ele não podia mais ser visto como um firmamento, um padrão mais ou menos bidimensional de estrelas cintilantes e planetas. Em vez disso, revelou-se como um reino tridimensional de dimensões infinitas, que provavelmente continha muitos outros mundos.

Em 1704, Isaac Newton produziu um segundo grande livro. Chamado de *Opticks*, era principalmente uma discussão sobre o trabalho que ele tinha feito com luz e cores na década de 1670. Ele só havia adiado tanto a publicação porque estava esperando até que seu nêmesis, Robert Hooke, que não havia gostado de suas conclusões, estivesse morto e sepultado. Ele escreveu o livro em inglês em vez de latim e incluiu uma seção final extraordinária intitulada "Perguntas".

Na época, tendo entrado na casa dos sessenta anos, Newton havia concebido mais ideias científicas do que poderia investigar no tempo que lhe restava. Então, formulou essas hipóteses como perguntas retóricas e as listou na seção final de seu livro, efetivamente definindo as metas da física que perseguimos até hoje.

A décima primeira pergunta dizia respeito ao céu noturno e abordava a ideia de que não havia diferença fundamental entre a Terra e o cosmo. Em parte, a pergunta era: "E não são o Sol e as estrelas fixas grandes Terras extraordinariamente quentes?". Com essa frase um tanto arcaica, Newton sugeria que o Sol e as estrelas fossem o mesmo tipo de corpo celeste. Por conseguinte, era possível que houvesse planetas em torno das estrelas. Para levar a proposição à sua conclusão lógica, alguns desses planetas poderiam ser habitados, como a Terra. Essa ideia ficou conhecida como a pluralidade de mundos, e não foi universalmente aceita.

Kepler, por exemplo, sentiu repulsa por ela. Como muitos outros, ele acreditava que Deus vivia no sétimo céu. Nesse caso, um Universo infinito afastava esse reino para uma distância infinita, e Kepler considerou esse pensamento assustador.

Por outro lado, as figuras literárias e artísticas dos séculos XVII e XVIII consideravam que um cosmo vasto e salpicado de outros planetas habitados era algo fácil de compreender. Talvez porque já houvesse uma longa tradição de interesse literário em nossas respostas à contemplação do céu noturno. A estranha mistura de admiração com tons de prazer e um toque de medo provou ser o eixo para todos os que se sentiram perdidos na esteira da nova maneira como a ciência pensava o cosmo. Apesar de tudo o que mudou em nossa compreensão, a única coisa que permaneceu constante foi o sentimento de admiração que experimentamos sempre que olhamos para cima.

Assim, enquanto os astrônomos trabalhavam na reconstrução da nossa compreensão intelectual a respeito do céu noturno e em como encaixá-la aos pontos de vista religiosos, os artistas e os filósofos voltavam sua atenção para os persistentes efeitos emocionais que as estrelas cintilantes evocam.

As ponderações sobre o céu noturno fazem parte do mundo artístico desde pelo menos o primeiro século a.C., quando o poeta e filósofo romano Lucrécio escreveu *De rerum natura* [Sobre a natureza das coisas],[71] um poema didático inspirado pelas opiniões do filósofo Epicuro, do século IV a.C., que alegou que o cosmo era produto de leis naturais, e não da intervenção direta de um deus ou deuses.

Epicuro acreditava em átomos, que ele imaginava serem os minúsculos blocos de construção de toda matéria. Como prova, ele apontou a maneira como os degraus de pedra são desgastados por meio do uso repetido. A natureza imperceptível da erosão do dia a dia era para ele uma prova de que pedaços minúsculos de matéria eram consumidos a cada passo. Ele também acreditava na pluralidade dos mundos, porque pensava que o acúmulo incessante de átomos em um cosmo vasto ou infinito naturalmente construiria planetas ao redor do Sol e de outras estrelas. Essas duas ideias fundiram-se; acreditar em átomos significava acreditar na pluralidade dos mundos e, portanto, em um vasto cosmo. Em contraste, com o surgimento do cristianismo, os teólogos esforçaram-se na direção contrária e construíram uma narrativa baseada apenas no que poderia ser visto no céu noturno.

Como discutimos, a Igreja adotou a crença de que as estrelas eram fundamentalmente diferentes do Sol e representavam uma fronteira tangível (o firmamento) além da qual estava o céu de Deus. A Terra era, portanto, única, e a graça de Deus era concedida inteiramente a nós, humanos. Então, sugerir que havia uma miríade de mundos espalhados por todo o espaço era uma declaração herética.

O destino de Giordano Bruno é um exemplo de como era perigoso compartilhar dessa ideia. Bruno foi um frade dominicano italiano, nascido em 1548. Na casa dos vinte anos, desenvolveu uma série de ideias que o colocaram em desacordo com as crenças centrais da Igreja Católica Romana. Uma delas, a de que havia outros planetas habitados. Após anos de investigação e um julgamento que durou outros sete, Bruno foi condenado à morte na fogueira pela Inquisição Romana. Sem dúvida, a severidade de sua punição teve mais relação com seu repetido questionamento da divindade de Cristo e da virgindade de Maria, mas a sua crença na pluralidade dos mundos ainda era relevante, a ponto de ter sido listada como uma das acusações contra ele.

Em seu próprio trabalho, Newton tentou unir os dois pontos de vista. Ele claramente defendia a ideia de um cosmo vasto, unificado pela ação da força da gravidade, que age da mesma forma em todos os lugares, mas isso não significa que ele concordasse com a ideia epicurista de abandonar Deus em favor da física. O prefácio de Edmond Halley em *Principia* deixa isso claro. Retomando Lucrécio, ele escreveu o texto em forma de poema didático.

Já no primeiro verso, não hesita em afirmar para o leitor que Deus é responsável pela criação da gravidade:

Eis, para sua contemplação, o padrão dos céus!
Que equilíbrio da massa, que cômputo
Divino! Aqui ponderam também as Leis que Deus,
Enquadrando o Universo, não deixou de lado,
Mas fez delas as bases de seu trabalho.

Adiante, no poema, Halley apresentou uma ideia que se tornou extremamente bem usada por poetas subsequentes: a noção de que o pensamento científico (aqui chamado de gênio) permitia que viajássemos metaforicamente aos céus.

Aqueles sobre quem a ilusão lança sombrio manto de dúvida
Sustentam-se agora nas asas que o gênio empresta,
Podem penetrar nas mansões dos deuses
E escalar as alturas do céu. Ó homens mortais,

> *Ergam-se! E, abandonando seus interesses terrenos,*
> *Aprendam a potência da mente nascida do céu,*
> *Seu pensamento e vida longe do rebanho recolhido!*[72]

As duas linhas finais merecem destaque porque fazem alusão à ideia de seres humanos criados à imagem de Deus, uma característica do judaísmo, do cristianismo e de certas vertentes do islamismo. Halley sugere que a semelhança não está na forma física, mas em nossa inteligência e na capacidade da mente treinada de compreender o Universo ao nosso redor. Isso ressoou com os poetas da época, que adotaram tanto o conceito newtoniano de um Universo vasto como a ideia de Halley de viagens mentais até o céu noturno para desvendar seus segredos. James Thomson, cuja produção inclui a letra de *Rule, Britannia!*, escreveu um poema memorial a Newton pouco depois da morte do cientista. Ele define a ideia de gravidade como a força governante do Universo e elogia a capacidade de Newton de ascender por meio de seu raciocínio científico.

> *[...] [Newton] realizou seu Voo ardente*
> *Pelo infinito azul; e pôs cada Estrela*
> *[...] a seu alcance*
> *Mergulhado em Sóis, cada qual o Centro vivo*
> *De um Sistema harmonioso: tudo combinado,*
> *E governado infalivelmente por aquele de Poder único,*
> *O que desenha a Pedra projetada ao chão.*

Isso marcou outra mudança significativa na maneira como nos relacionamos com o céu noturno, porque significava que os vivos poderiam "viajar" para os céus e retornar com o conhecimento de como funcionam. Anteriormente, pensava-se que o reino estrelado era inacessível para nós, exceto na morte – conforme ilustrado nas tabelas estelares das tampas dos caixões egípcios, que guiavam pelo cosmo as almas que partiam. Agora, no entanto, era possível chegar lá sempre que quiséssemos; bastava pensar da maneira certa. Foi outro exemplo de como o cosmo tornava-se um reino tangível – ou, pelo menos, identificável. A ideia era ao mesmo tempo estimulante e assustadora, e essa combinação de prazer e medo fascinava os filósofos, que há muito se interessavam por aquilo que chamam de sublime.

A discussão a respeito do sublime era um tema comum da estética, o ramo da filosofia preocupado com a nossa admiração pela arte e pela natureza e com o motivo pelo qual consideramos que algumas coisas sejam belas. Em seu íntimo, a estética é parte de uma discussão muito mais ampla sobre a maneira como interagimos com a natureza e como nossos sentidos proporcionam experiências que impulsionam nossas emoções. Nesse debate, o termo "sublime" é reservado para experiências que consideramos belas, mas grandes demais para compreender, ou que nos lembram do quão pequenos realmente somos.

Em geral, um objeto belo é algo que dá prazer para o espectador. Frequentemente é algo pequeno e inofensivo, enquanto um objeto sublime é uma coisa ou imagem tão avassaladora que gera uma espécie de reserva em nós. O céu noturno era o exemplo perfeito do sublime, por causa da mistura de emoções que sentimos ao olhar para ele. Em 1712, o ensaísta inglês Joseph Addison descreveu o universo newtoniano como uma entidade sublime e enfatizou sua imensidão quase insustentável.

> *Quando examinamos toda a Terra de uma só vez, e os vários Planetas que estão dentro de sua Vizinhança, enchemo-nos com um agradável Espanto, por ver tantos Mundos pendurados um acima do outro e deslizando em torno de seus Eixos em tamanha Pompa e Solenidade. Se, depois disso, contemplarmos os amplos Campos de Éter, que alcançam as alturas de Saturno às Estrelas fixas, e avançarmos para o Infinito, nossa Imaginação encontra seu Potencial repleto de tamanhos Prospectos e esforça-se para compreendê-lo. Porém, se erguermo-nos ainda mais alto e considerarmos as Estrelas fixas como vastos Oceanos de Chamas, cada um atendido por um conjunto diferente de Planetas, e ainda descobrirmos novos Firmamentos e novas luzes, afundadas ainda mais nas insondáveis Profundezas do Éter, a ponto de não serem vistas pelo mais potente dos*

nossos Telescópios, estamos perdidos em um labirinto de Sóis e Mundos, e somos confundidos pela Imensidão e Magnificência da Natureza.[73]

Com efeito, o que Addison está dizendo é que, embora a mente humana possa se deixar envolver pela ideia do Sol e sua coleção de planetas, tentar imaginar a imensidão que há além é demais. A frase final da passagem apresenta a ideia de um número incontável de planetas como a Terra que nenhum telescópio pode ver, e é isso que conduz Addison às sensações do sublime. Ele define a fronteira entre a experiência sensorial (podemos ver os planetas ao redor do Sol) e o salto de imaginação necessário para contemplar outros mundos que sentimos que existem, mas que não podemos realmente ver. Para executar esse salto com sucesso, a imaginação é guiada pelo pensamento científico, e isso torna o céu noturno único, algo que agora é conhecido como sublime cósmico.

Em 1757, o filósofo irlandês Edmund Burke escreveu *A Philosophical Enquiry into the Origin of Our Ideas of the Sublime and Beautiful* [Uma investigação filosófica sobre a origem de nossas ideias do sublime e do belo]. O livro se tornou referência sobre o assunto, mas, surpreendentemente, o autor menciona o céu noturno apenas uma vez, na afirmação: "O estrelado céu, embora surja com tanta frequência em nossa visão, nunca deixa de despertar uma ideia de grandeza". Parece que Burke diz que a ideia do sublime cósmico é tão óbvia que dispensa discussão.

Os poetas do período exploraram os efeitos de estar sob o céu noturno. Em particular, os noturnos eram uma forma popular de poesia que se adequava perfeitamente à discussão. Costumavam celebrar a experiência humana comum de considerar que é mais fácil para a mente abandonar o mundo tangível à noite. Quando a escuridão cai, nossos pensamentos se voltam para assuntos mais contemplativos.

A Summer Evening's Meditation [Meditação em uma noite de verão], poema escrito por Anna Barbauld em 1773, começa com uma citação de um poema de Edward Young, *Night Thoughts* [Pensamentos noturnos], de 1742. O verso simples captura perfeitamente a décima primeira pergunta de Newton ao afirmar: "Um Sol por dia, por noite, dez mil brilham". Referindo-se ao Sol como um tirano opressivo,

Barbauld então conta como Vênus brilha no céu durante o crepúsculo, ansiosa pela chegada da noite. Quando a escuridão cai por completo, ela descreve a mudança emocional que isso nos traz: "Esse morto da meia-noite é o meio-dia do pensamento, e a sabedoria sobe ao zênite com as estrelas".

Em *Crítica da razão prática* (1788), o filósofo alemão Immanuel Kant desenvolveu uma ideia semelhante e relacionou de maneira explícita nossa humanidade à contemplação do céu noturno. "Quanto mais vezes e com esforçada concentração refletimos, duas coisas enchem a mente com admiração e respeito sempre novos e crescentes: o céu estrelado acima e a lei moral interior". Ele prossegue com a afirmação de que as duas coisas não são conceitos separados: "Vejo-os diante de mim e os conecto diretamente com a consciência da minha existência".

Para Kant, essa conexão é crucial, porque os céus estrelados e a lei moral interna representam tendências humanas diretamente opostas que precisam ser reconciliadas. Por um lado, nossa compreensão a respeito do céu noturno nos localiza em um vasto cosmo, fazendo-nos sentir pequenos e irrelevantes. Kant ainda declara que essa percepção "aniquila" nossa importância como indivíduos. Por outro lado, nosso reconhecimento do certo e do errado e a escolha que isso nos dá sobre nossas ações eleva-nos acima de todos os outros animais. Também nos coloca acima da matéria do Universo, desprovida de inteligência e limitada a seguir cegamente as leis da física. Com efeito, o que Kant descreve é o sublime, aquela estranha mistura de medo (da aniquilação) e prazer (da compreensão).

Há uma simetria particularmente bela na forma como Kant compara a extensão infinita do espaço à profundidade infinita do pensamento em cada um de nós. Ao fazer isso, ele declara que a própria medida do ser humano é a nossa capacidade de perceber e compreender o céu noturno, adicionalmente à nossa capacidade de diferenciar o certo do errado. Como isso nos faz soar nobres, tanto como espécie quanto como indivíduos! Ele ressalta que cada um de nós é um ser finito, consciente apenas por um breve período de tempo, e, ainda assim, aspiramos compreender o cosmo infinito no qual nos encontramos.

Em 1790, Kant escreveu *Crítica da faculdade de julgar*. Na obra, ele expande o tratamento anterior que Burke confere à beleza e ao sublime e aborda nossa contemplação do Universo infinito de cabeça erguida. O autor desenvolve a ideia de que nossos sentidos têm limitações, mas nosso intelecto, não. Segundo a visão de Kant, um objeto pode ser belo se pudermos experimentá-lo em sua totalidade. Por exemplo, uma flor pode ser apreciada porque podemos contemplá-la de todos os ângulos, podemos tocá-la, cheirá-la, até mesmo prová-la, se quisermos. Em contraste, o vasto Universo ao nosso redor sobrecarrega nossos sentidos, o que faz com que seja impossível experimentá-lo em sua totalidade; portanto, experimentamos o sublime. Kant viu que a matemática oferecia uma maneira de unir as duas experiências.[74]

A lei da gravidade de Newton se aplica a todo o Universo e explica uma gama inacreditável de fenômenos. Por exemplo, o motivo pelo qual estrelas e planetas se formam, a razão pela qual permanecem em órbita e por que nos fixamos na superfície da Terra, tudo isso remete à equação de Newton sobre a gravidade, que depende de apenas quatro grandezas matemáticas e pode, portanto, ser compreendida em sua totalidade. É por isso que os cientistas afirmam que as equações e as teorias que representam são belas: porque podem ser apreciadas *in toto*. Então, Kant argumentou que o raciocínio matemático nos permite desenvolver maneiras de compreender aquilo que nossos sentidos são incapazes de perceber em sua totalidade. De uma só vez, ele canonizou o raciocínio abstrato que é hoje fundamental para nossa investigação científica a respeito de coisas grandes demais para experimentarmos. E deu um nome ao incrível prazer que sentimos quando capturamos uma regra fundamental da natureza em uma expressão matemática. Ele o chamou de sublime matemático.

Porém, no século XVIII, a maioria das pessoas não possuía aptidões matemáticas. Apenas a elite, os prodígios ou os mais afortunados recebiam uma educação formal. Até hoje, nas escolas, muitos fogem da matemática. Isso significa que a emoção singular do sublime matemático está fora do alcance da maioria das pessoas? De jeito nenhum. Com o passar do século, uma solução se desenvolveu. Ela deu origem a uma disciplina que ultrapassa as fronteiras da arte e da ciência e permanece difundida até hoje. Você está lendo um exemplo disso: a popularização da ciência.

A popularização da ciência busca recriar o sentimento do sublime estimulando a imaginação pública mediante a divulgação de conhecimentos científicos. Ela orienta nossas mentes a pensar sobre coisas que estão além da nossa capacidade de experimentação, mas que podem ser iluminadas com a investigação científica ou a análise matemática. Em vez de trabalhar com toda a matemática, o divulgador traduz as conclusões em palavras ou imagens e as usa para estimular a mesma imaginação que é desencadeada quando estamos sob o céu noturno.

Um exemplo antigo é *Conversations on the Plurality of Worlds* [Conversas sobre a pluralidade de mundos], do escritor francês Bernard le Bover de Fontenelle. Publicado em 1686, um ano antes da obra-prima de Newton, *Principia*, explorou a ideia copernicana de que o Sol era o centro do sistema solar e a possibilidade de encontrarmos vida em outros lugares do Universo. O texto era apresentado como uma série de conversas entabuladas entre um filósofo e um nobre enquanto caminhavam em um jardim à noite, sob as estrelas.

As palestras científicas públicas também se tornaram cada vez mais populares ao longo do século XVIII, porque seus praticantes aprenderam a traduzir a ciência em teatro. Faziam isso por meio da utilização de demonstrações experimentais e do uso de aparelhos diversos, além de suas habilidades de oratória. Com efeito, eles fundiram a tradição literária do sublime com o sublime matemático de Kant para apresentar o cosmo de uma maneira que ninguém havia experimentado antes.

Adereços particularmente importantes nessas apresentações eram os planetários, dispositivos que usavam engrenagens de relojoaria para mover um modelo do sistema solar de forma a demonstrar o movimento dos planetas ao redor do Sol. À medida que os vários globos circulavam, cada um à sua velocidade, os espectadores podiam ter uma visão geral de como funcionava nosso sistema solar. Dessa forma, o que parecia matematicamente abstrato tornava-se compreensível e real, graças à possibilidade de verem um modelo com seus próprios olhos.

As pinturas de Joseph Wright de Derby, como *A Philosopher giving That Lecture on the Orrery, in which a Lamp is Placed in the Position of the Sun* [Um filósofo dando uma palestra sobre o planetário, em que uma lâmpada é colocada na posição do Sol], de 1766, capturam a popularidade desse novo passatempo. E não foi apenas a astronomia que passou a ser apresentada ao público dessa forma. O quadro mais famoso de Wright é sua obra de 1768, *An Experiment on a Bird in the Air Pump* [Um experimento com um pássaro na bomba de ar], que mostra um pássaro se debatendo enquanto um filósofo de cabelos brancos bombeia o ar para fora de sua câmara; o público observa com emoções que vão do fascínio ao desconforto e ao choque.

Embora essas pinturas em particular representem demonstrações que ocorriam em reuniões de famílias abastadas, mais e mais pessoas se interessavam em vê-las. Conforme a demanda aumentava, também houve um acréscimo de locais, público e equipamento. No norte da Inglaterra, uma família desenvolveu uma fórmula tão bem-sucedida que permitiu que palestras públicas sobre o céu noturno fossem oferecidas por sete décadas. A chave para o seu sucesso foi que eles não apresentavam seus eventos como ciência, mas como experiências estéticas, projetadas principalmente para usar o novo conhecimento astronômico para instilar sentimentos do sublime na plateia.

Adam Walker nasceu em Lake District, na Inglaterra, em 1730. Era filho de um comerciante de lã e possuía muito pouca educação formal. Na década de 1760, porém, dirigia uma escola em Manchester. Após o nascimento de seu primeiro filho, em 1766, ele deixou o emprego, comprou o equipamento de demonstração de um professor aposentado e passou os anos seguintes em viagem pelo norte da Inglaterra, Escócia e Irlanda, palestrando sobre ciência.

Seu trabalho chamou a atenção de cientistas renomados, como Joseph Priestley, que descobriu o oxigênio em meados da década de 1770. Priestley acreditava que o público deveria ser educado cientificamente e era ele próprio um grande conferencista. Ele foi, sem dúvida, uma grande influência para Walker e, no final da década de 1770, deu-lhe um novo equipamento de demonstração. Ambos acreditavam que havia vantagens morais no estudo e divulgação da ciência. Em 1799, Walker publicou *System of Familiar Philosophy* [Sistema de filosofia familiar], um livro escrito em linguagem popular voltado para o compartilhamento do conhecimento e a defesa da ciência como caminho para a iluminação pessoal e social. Walker já tinha uma carreira de sucesso, mas o que o tornou famoso foi sua decisão de dar aulas sobre astronomia. Em sua busca de levar a grandeza do céu noturno e do Universo para os teatros, ele inventou uma máquina que batizou de Eidouranion, nome que vem do grego e significa "imagem dos céus".

Nada restou dos projetos ou dos componentes do maquinário; portanto, ninguém sabe exatamente como ele funcionava, mas claramente passou por uma série de adaptações, primeiro para melhorar o design e em seguida para a criação de versões maiores, que Walker e seus filhos pudessem usar em locais mais amplos. Com base nas várias críticas que foram publicadas nos jornais da época, percebemos que o Eidouranion era uma grande tela suspensa no palco. Contra essa tela, havia uma série de imagens transparentes do céu noturno – por exemplo, os signos do zodíaco e os planetas – que eram iluminadas por trás. Quando as luzes do teatro diminuíam, as imagens coloridas brilhavam como se estivessem suspensas na escuridão do espaço. Mas o melhor era que, enquanto Walker falava com o público sobre as maravilhas do cosmo, mecanismos invisíveis davam vida aos objetos e faziam com que os planetas orbitassem o Sol e girassem para simular o dia e a noite. Cada planeta movia-se a uma velocidade, e juntos teciam uma tapeçaria de movimento que fascinava o público.

Uma descrição da máquina escrita em 1782 e publicada no *Morning Herald and Daily Advertiser* conclui: "Além de ser o espetáculo mais belo e brilhante, transmite à mente as mais sublimes instruções". Um artigo posterior, publicado em 1840, na *Magazine of Science*, concordou com a descrição, dizendo que um dispositivo semelhante "transmitiu pelo menos uma parte do aparelho mais estupendo do Universo". O Eidouranion de Adam Walker foi uma maneira bem-sucedida de permitir que o público experimentasse o sublime cósmico, em parte porque incorporava uma das características definitivas do Universo: o mistério. Não era evidente para o público como a engenhoca funcionava, assim como era um mistério para a maioria como a gravidade funcionava e movia o Universo em toda a sua complexidade, como as engrenagens de um relógio.

Conforme o século XVIII chegava ao fim, o mundo ocidental viu-se dividido por conflitos. Do outro lado do Atlântico ocorria a

Guerra da Independência Americana, e do outro lado do Canal, a Revolução Francesa. Além das vidas perdidas, essas guerras abalaram a ordem tradicional das coisas, com a perda das colônias da Grã-Bretanha na América e do domínio aristocrático do poder na França. Muitos viram um paralelo com a forma como a nova investigação da natureza destruía a visão tradicional do mundo e culparam a ciência e suas tendências progressivas por fomentar essas rebeliões. Essa associação foi fortalecida pelo fato de que alguns cientistas foram sinceros e abertos com relação às suas simpatias pelos revolucionários, e um desses chamados dissidentes foi o mentor de Adam Walker, Joseph Priestley.

No verão de 1791, uma série de motins eclodiu na cidade inglesa de Birmingham. Vândalos atacaram a casa de Priestley e a de outros dissidentes e, ao aplicarem culpa por associação, também as casas de cientistas que participavam de uma organização chamada Sociedade Lunar. A provação foi tão aterrorizante para Priestley que ele imediatamente deixou a cidade e, por fim, o país.

As emoções por trás dessa repercussão podem ser facilmente identificadas como parte do "desencanto" de Max Weber e unificaram-se no início do século XIX na forma do movimento das artes românticas, que buscava se concentrar em nossa individualidade e na resposta emocional à natureza. Porém, em Londres, um comentarista que havia testemunhado a apresentação de astronomia dos Walker defendeu o novo estudo do céu noturno. O colaborador do *Monthly Mirror* afirmou que a veneração da astronomia e a celebração de sua capacidade de desbloquear o design cósmico "benigno" era o oposto dos sentimentos que causavam as violentas rebeliões pelo mundo.

Uma análise moderna das várias reações e comentários à apresentação dos Walker foi realizada por Jan Golinski, professor de história e humanidades da Universidade de New Hampshire, em 2017. Ele concluiu: "Ao transmitir a majestade do cosmo em suas palestras, os Walker suscitaram sentimentos quase religiosos de maravilha e admiração em seu público".[75]

Foi sem dúvida essa reverência que permitiu que os Walker falassem sobre coisas que, até então, eram denunciadas como ateístas. Em particular, eles defendiam a ideia da pluralidade de mundos, usando a incrível ideia de outros planetas habitados como forma de demonstrar a sublime majestade do Universo. Antes, a ideia de outros mundos habitados era firmemente ligada a Epicuro e sua ideia de um Universo sem Deus; os Walker descartaram essa associação e falavam sobre um cosmo divino, indicando, assim, que a ideia de Deus sempre foi projetar um Universo repleto de planetas. A inclusão dessa explicação religiosa dava segurança para qualquer pessoa que se sentisse à deriva na vastidão do espaço. Os noturnos da época costumavam usar um truque semelhante. Eles exploraram as ideias do cósmico sublime, ao contrastar nossos sentidos físicos com nossa imaginação cientificamente conduzida e, então, caminhavam para temas religiosos nos versos finais, quando tudo ameaçava se tornar esmagador.

Ao longo do século XIX, a popularização da ciência estabeleceu-se cada vez mais como um meio de espalhar a visão científica a respeito do cosmo, e um grupo de romancistas interessou-se por um paradoxo que o tema causava nas pessoas.[76] Quando olhamos para o céu noturno, nossa subjetividade nos faz sentir que contemplamos uma cúpula negra com estrelas cintilantes e que a Terra se encontra em algum tipo de posição central. Mas a ciência nos diz que, objetivamente, contemplamos um espaço praticamente vazio. A estrela brilhante ocasional é, na verdade, uma massa ardente semelhante ao nosso Sol – um novo "centro" do Universo. Conciliar a maneira como nosso cérebro interpreta essa experiência com os fatos acerca do assunto faz com que cada um de nós desenvolva uma "imagem" mais ampla do Universo em nossa imaginação. Anna Henchman, professora associada de inglês na Universidade de Boston, Massachusetts, chama essa imagem mental de "nosso céu estrelado interior".[77]

Alguns escritores da época traçaram paralelos com a dificuldade que temos de conciliar experiências subjetivas com fatos objetivos em nossa vida cotidiana e começaram a explorar a astronomia em busca de metáforas que pudessem usar em seus romances. Esses escritores, entre eles George Eliot, Thomas Hardy, Charles Dickens e Liev Tolstói, salpicaram suas narrativas com referências ao céu noturno e ao trabalho dos astrônomos. Inspiraram-se na maneira como nos ajustamos à nossa constante mudança de compreensão do céu noturno ao construir histórias que costumavam contrastar a experiência subjetiva do personagem com o ponto de vista de um narrador objetivo que informa ao leitor a situação geral da história.

Esses romancistas também ajudaram a desenvolver os romances épicos com múltiplos pontos de vista que hoje consideramos comuns. Neles, temos personagens diferentes que percebem as ações uns dos outros a partir de diferentes pontos de vista, mas apenas o leitor tem uma visão geral e objetiva do que todos os personagens pensam. Dessa forma, o leitor vê o mundo ficcional como um todo, enquanto é exposto simultaneamente à percepção individual de cada personagem.

Nos primeiros capítulos do romance *Two on a Tower* [Dois em uma torre], de Thomas Hardy, de 1882, o protagonista Swithin St. Cleve corteja Viviette Constantine com relatos sobre como a astronomia vinha desvendando os segredos do céu noturno. Hardy revela no prefácio do livro que "esse romance leve foi o resultado de um desejo de definir a história emocional de duas vidas infinitesimais contra o estupendo pano de fundo do Universo estelar".

St. Cleve explica que as estrelas ocultam de nós sua verdadeira natureza. Somente quando olhamos mais profundamente, com telescópios e outros instrumentos, vemos que o quadro sereno que nos encara é uma fachada. As estrelas revelam-se instáveis, turbulentas, tempestuosas até. São separadas umas das outras por vastas extensões de vazio que desafiam a compreensão – muito parecido com a forma como os pensamentos íntimos de uma pessoa se ocultam de estranhos.

Em seu último romance, *Daniel Deronda* (1876), George Eliot usa palavras e frases associadas às estrelas e ao céu noturno para falar sobre os limites da experiência humana.

Os romancistas não foram os únicos a tentar reconciliar o novo conhecimento do céu noturno com suas experiências interiores. O artista Vincent Van Gogh também fez isso. Era Natal, o ano era 1888, e o artista se viu envolvido em uma discussão com o colega artista Paul Gauguin na residência em que moravam em Arles, sul da França. Embora os detalhes do entrevero permaneçam desconhecidos, os desdobramentos foram terríveis. Van Gogh trancou-se em seu quarto e mutilou a orelha esquerda com uma navalha, cortando-a toda ou quase toda. Isso desencadeou uma cadeia de eventos que culminou no quadro que é, indiscutivelmente, a obra-prima de Van Gogh, *A noite estrelada*.

No início daquele ano, Van Gogh havia escrito uma confissão, a qual enviou a seu irmão. Claramente lutando para preencher a lacuna deixada pela perda de sua fé religiosa, ele relatou sua "Tremenda necessidade de, ousarei dizer a palavra – religião –, então, saio à noite para pintar as estrelas".[78]

Após sua lesão, Van Gogh internou-se voluntariamente no asilo de St. Paul de Mausole. Um dia ele acordou cedo e olhou para o céu antes do amanhecer. Era possível ver apenas a silhueta da paisagem; no entanto, o céu estava iluminado por uma lua minguante, pelo brilhante planeta Vênus e por várias estrelas. Van Gogh pintou a cena.

Em *A noite estrelada*, uma cidade com uma igreja encontra-se na escuridão sob as estrelas. A torre da igreja apenas toca o céu, mas, em primeiro plano, um cipreste ergue-se na paisagem noturna. A parte mais marcante da composição, porém, é o redemoinho de luz fraca que o artista colocou bem no centro da imagem. À primeira vista, parece um floreio surrealista, mas, para qualquer astrônomo do século XIX, a inspiração de Van Gogh era óbvia.

William Parsons, 3º Conde de Rosse (1800-67), construiu o maior telescópio do mundo, no Castelo de Birr, condado de Offaly, Irlanda. (Interfoto/Alamy)

Em 1845, William Parsons, 3º Conde de Rosse, construiu o maior telescópio do mundo. Chamado de Leviatã de Parsonstown, estava situado em seu lar ancestral, o Castelo de Birr, no condado de Offaly, Irlanda. O espelho media setenta e duas polegadas de diâmetro e foi acoplado a um telescópio de quinze metros de comprimento, suspenso entre duas paredes de tijolos de doze metros de altura.

Usando o Leviatã, Lorde Rosse identificou um extraordinário redemoinho de luz tênue em uma constelação do norte, Canes Venatici, os Cães de Caça. Invisível a olho nu, esse delicado sistema é hoje conhecido por ser uma galáxia distante que contém centenas de bilhões de estrelas. Conforme novas estrelas nascem nesse sistema de rotação lenta, formam naturalmente belos braços em espiral. Na época, porém, sua natureza era desconhecida; não era nada mais do que uma joia da noite que nos provocava com seu mistério.

Desse modo, Van Gogh simplesmente colocou-a em seu devido lugar, talvez como um talismã de sua própria atração pela misteriosa promessa do céu noturno.

O que está claro é que, ao representar as estrelas dessas maneiras, os romancistas e artistas do período traziam o céu noturno e seus mistérios para perto de nós, tornando-os uma experiência compartilhada. Utilizavam então nossa resposta inata a eles como meio para iluminar nosso dia a dia. Tudo isso, diziam, pode ser racionalizado da mesma forma como entendemos nossas diversas ideias sobre o céu noturno. Em essência, esses escritores e artistas exploravam o cósmico sublime e o paradoxo de ver algo e, ainda assim, acreditar que seja diferente.

Experimentei esse paradoxo em primeira mão em meados da década de 1990. Eu era um estudante pesquisador em uma viagem de observação ao Telescópio Anglo-Australiano no Monte de Siding Spring, em Warrumbungles, Austrália. Havia concluído meu bacharelado em astronomia e pesquisava para um PhD. Eu conhecia profundamente a teoria da compreensão do cosmo, mas, na primeira noite em que fiquei sob o céu australiano, o sublime realmente tomou conta de mim. Não havia a poluição das luzes na montanha, e fiquei chocado com o número de estrelas que pude ver. Eram tantas que, de início, foi difícil distinguir as constelações conhecidas. As estrelas pareciam tão brilhantes e tão "próximas" que senti uma necessidade quase irresistível de estender a mão e pegar uma do céu. Era estranhamente desconcertante: uma parte do meu cérebro sabia que as estrelas eram sóis a uma distância longínqua, mas outra parte dizia que eu poderia pegar uma, como se eu fosse algum tipo de deus.

Mais tarde, ao pensar sobre essa experiência, decidi que tais fantasias ocorrem quando nossos cérebros carregam duas imagens conflitantes. Normalmente, uma imagem é bastante ampla e intelectualmente definida; a outra é subjetiva e pessoal. Talvez seja esse tipo de justaposição que impulsiona nossa criatividade: o desejo de encapsular algo avassalador em algo que possamos compreender com facilidade.

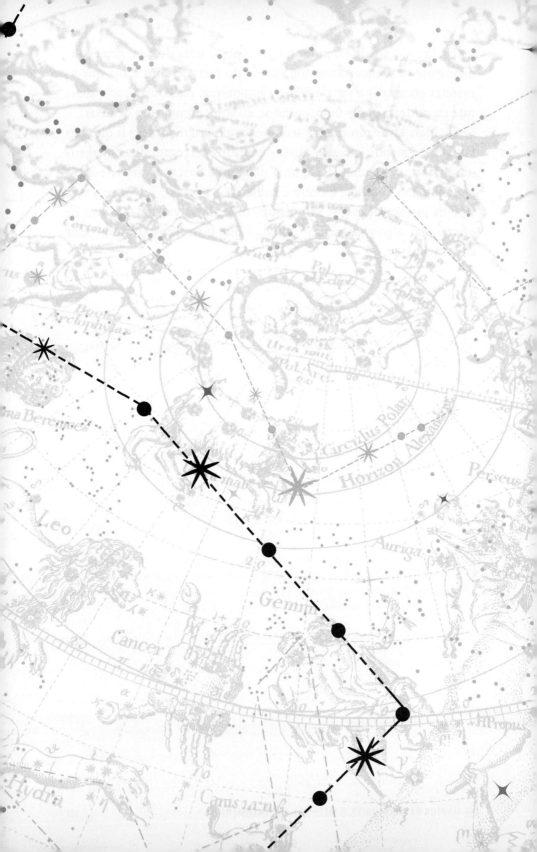

9
UTOPIA

Quanto mais os astrônomos revelavam mais e mais informações sobre o céu noturno e os corpos celestes que ele continha, mais as pessoas passavam a pensar nele como um reino físico em vez de celestial. E isso significa também que as pessoas começaram a cogitar sobre como seria explorá-lo.

Desde a Antiguidade, escritores e poetas fantasiam com o sonho de viajar para o céu noturno. Um exemplo inicial foi *A história verdadeira*, escrita no século II d.C. pelo satirista grego Luciano de Samósata para zombar dos diários de viagem. Na história, ele descreveu uma viagem à Lua, que mostrou não ser paradisíaca como se cogitara, mas sim devastada por guerras, como a Terra.

No século XVII, quando os astrônomos fizeram suas grandes descobertas telescópicas, mais e mais dessas histórias apareceram. Em 1638, o clérigo anglicano John Wilkins publicou *The Discovery of a World in the Moone* [A descoberta de um mundo na Lua]. Dois anos depois, publicou *A Discourse Concerning a New Planet* [Um discurso sobre um novo planeta]. Ambos popularizaram a ideia de Galileu de que a Lua era um mundo em si mesmo. Wilkins também ansiava pela invenção de máquinas voadoras e, em seguida, espaçonaves; ele considerava um desejo fundamentalmente humano querer alcançar lugares inacessíveis. Também em 1638, outro clérigo, o bispo Francis Godwin, publicou *The Man in the Moone* [O homem na Lua] como uma exploração fictícia do nosso vizinho celestial mais próximo.

O bispo Francis Godwin (1562-1633) publicou *The Man in the Moone* em 1638 para descrever como seria explorar nosso vizinho celestial mais próximo. O frontispício retrata essa jornada **improvável**. (Biblioteca Britânica)

O memorável frontispício do livro apresenta um bando de cisnes que transportam o personagem central em sua jornada.[79]

Às vezes, eram os próprios astrônomos que produziam as histórias. Johannes Kepler escreveu uma obra chamada *Somnium* em 1608, enquanto realizava seu trabalho sobre órbitas planetárias. O título vem da palavra latina para "sonho", e a história conta as aventuras de Duracotus, um menino islandês de catorze anos que é levado à Lua durante um eclipse solar total por um demônio que só pode viajar nas sombras. Kepler descreve corretamente o uso da aceleração para sobrepujar a força da gravidade antes de entrar no campo gravitacional da Lua, que requer uma desaceleração para um pouso suave. Na história, a Lua é chamada de "a ilha de Levânia", e a Terra, de Volva.

Ao chegar em segurança a Levânia, Duracotus testemunha um eclipse a partir de sua nova perspectiva. Ele também experimenta os dois hemisférios lunares; o lado claro, que Kepler batiza de Subvolva, e o lado escuro, chamado Privolva. De Privolva não é possível avistar a Terra, pois ela está sempre no céu sobre Subvolva. Kepler descreve como a Terra teria fases, assim como a Lua, e oferece uma descrição detalhada dos movimentos do Sol, da Terra e dos planetas vistos da Lua. *Somnium* é importante porque apresenta visões científicas em forma de narrativa. Kepler não tinha intenção de publicá-la; a obra veio à tona apenas em 1634, quando Ludwig, filho de Kepler, providenciou para que fosse impressa postumamente. Apesar de toda a sua precisão astronômica, Kepler ainda se viu obrigado a depender de magia para transportar Duracotus para a Lua.

A primeira história que propôs uma ideia realista do uso de foguetes para viagens espaciais foi a novela *On the Moon* [Na Lua], de 1893, de autoria do polímata russo Konstantin Tsiolkovsky. Ele fazia parte de um grupo de idealistas russos que imaginavam um futuro ousado para a raça humana, em que o espaço sideral fora conquistado, e a Lua e os planetas, colonizados. Tsiolkovsky inspirara-se em um bibliotecário russo chamado Nikolai Fyodorov, que, na reclusão da sala de catálogos do Museu Rumyantsev, em Moscou, desenvolveu ideias radicais sobre o destino humano. Esse extraordinário conjunto de crenças, que incluía o objetivo de fazer os mortos voltarem à vida – objetivo este influenciado pela religião –, desencadeou um movimento filosófico utópico conhecido como cosmismo, que levou ao programa espacial russo e aos pousos na Lua na década de 1960.

Fyodorov nasceu no início do verão de 1829. Seu primeiro emprego foi como professor de história e geografia, mas o que realmente inspirava Fyodorov era o futuro. Seguidor da Igreja Ortodoxa do Oriente, acreditava que, por meio de nós, Deus trabalhava para alcançar os objetivos declarados da Bíblia, que incluíam o desenvolvimento da imortalidade humana a partir da perfeição da ciência e da medicina. Assim que isso fosse alcançado, ele acreditava que seríamos moralmente obrigados a estender esse conhecimento à ressurreição dos mortos.

Ao fazer isso, Fyodorov argumentou, cumpriríamos uma versão do juízo final da Bíblia. Ele acreditava que poderíamos restaurar, por meio da ciência e da medicina, o estado perfeito de existência, que tinha sido o privilégio de Adão e Eva no Jardim do Éden.

Fyodorov considerava que havia dois motivos para a morte: doenças e acidentes. Ambos, afirmou, poderiam ser evitados com a medicina e uma ciência suficientemente avançadas. Por exemplo, melhor conhecimento do meio ambiente pode nos proteger contra desastres naturais. Nos casos em que a morte era inevitável, ele retomava sua crença de que, em algum momento, desenvolveríamos a ciência da ressurreição. Mas onde colocaríamos todos? Se ninguém morresse, a Terra ficaria superlotada.

Foi então que Fyodorov olhou para o céu noturno. Ele viu uma conexão entre o entendimento científico do Universo e a passagem bíblica que prometia a entrada para o Reino dos Céus. A pluralidade de mundos era, na época, um conceito disseminado, e isso significava que um Universo repleto de outros planetas esperava para ser explorado, conquistado e colonizado. Ele acreditava que esse era o destino da humanidade; nossa entrada no Reino dos Céus seria nossa capacidade de abandonar a Terra e colonizar o espaço.

Ele refletiu a respeito desses temas por quase vinte anos e, apesar de não ter publicado nada em vida (seu único livro, *Philosophy of the Common Task* [Filosofia da tarefa comum], apareceu postumamente em 1903), tinha longas conversas com qualquer pessoa que entrasse em sua biblioteca. Isso lhe rendeu uma série de fãs influentes do mundo artístico e científico, e o bibliotecário desenvolveu a reputação de "Sócrates de Moscou".[80] O romancista Liev Tolstói era um visitante frequente, o que pode explicar por que há tanta astronomia e imagens cósmicas em seus romances.

Outro admirador, como vimos, foi Konstantin Tsiolkovsky, nascido em 1857, em Kaluga, cerca de 110 quilômetros a sudoeste de Moscou. Perdeu a audição devido a um ataque de febre escarlate aos dez anos de idade, foi excluído da escola por causa de sua deficiência e tornou-se recluso. Evitado por seus vizinhos e pelos habitantes da cidade por parecer estranho, ele preenchia seus dias com leituras e voltou sua atenção para a matemática e a física. Aos dezesseis anos, foi morar em Moscou para frequentar as grandes bibliotecas e assistir a palestras científicas, durante as quais usava um aparelho auditivo. Foi durante os três anos em que viveu em Moscou que conheceu Fyodorov e acabou por compartilhar com ele de sua visão de futuro.

Ao contrário de seu mentor, Tsiolkovsky tinha a capacidade de transformar ideias sobre viagens espaciais em teorias científicas. Ele começou a buscar uma maneira prática de possibilitar que a humanidade alcançasse o céu noturno. Ao ficar sabendo da construção da Torre Eiffel em 1895, Tsiolkovsky imaginou um elevador espacial, uma torre de metal gigante que se estendesse até o espaço. Quando seus cálculos mostraram que nenhum material conhecido seria forte o suficiente para a tarefa, ele voltou sua atenção para a possibilidade de usar foguetes para entrar em órbita.

Tsiolkovsky era prolífico. Publicou mais de quatrocentas obras, e pouco menos de um quarto delas foi dedicada a foguetes e viagens espaciais. Sua contribuição mais importante ficou conhecida como equação de foguete de Tsiolkovsky. Nela, ele relacionou a massa de um foguete e o seu combustível à velocidade que poderia atingir. Apesar de não ter sido o primeiro a obter a equação, foi o primeiro a usá-la em conexão com uma discussão a respeito da possibilidade de um foguete atingir as velocidades necessárias para viajar ao espaço. Ele publicou suas ponderações em 1903, mesmo ano em que o trabalho de Fyodorov foi lançado, e em seguida passou a escrever histórias de ficção científica, que poderiam ilustrar suas ideias de maneiras mais digeríveis para o público geral.

On the Moon conta a história de dois homens que acordam na superfície lunar. O livro descreve a baixa gravidade na Lua e a redução do ponto de ebulição da água devido à redução da pressão atmosférica.[81] Em obras posteriores, como *Dreams of the Earth and Sky* [Sonhos sobre a Terra e o céu], de 1895, ele descreve como as colônias poderiam buscar metais preciosos e outros recursos minerais na Lua e em asteroides. Ele também escreveu sobre como poderíamos construir estufas gigantes no espaço para cultivar alimentos. *Beyond Planet Earth* [Além do planeta Terra], de 1920, conta a história de um grupo internacional de cientistas que constroem naves espaciais e hábitats na órbita da Terra para que possam, então, explorar o sistema solar com a intenção de estabelecer colônias.

Dentre todas as milhares de páginas que Tsiolkovsky escreveu, talvez o melhor resumo da obra de sua vida esteja contido na seguinte citação: "A Terra é o berço da humanidade, mas não se pode viver em um berço para sempre". No entanto, apesar de toda a sua erudição e precisão técnica, as obras de Tsiolkovsky não atiçaram a curiosidade do público. Parecia que ninguém estava interessado em realmente viajar para o espaço. Mas isso logo mudaria.

No início do século XX, a Rússia estava atrasada em relação ao Ocidente. Tinha demorado a abraçar a industrialização e agora enfrentava desafios. Suas cidades eram superlotadas, e ofereciam más condições de vida para muitos dos trabalhadores dos quais as novas indústrias dependiam. A comida era frequentemente escassa, e muitos culpavam a aristocracia. Em uma sequência de golpes violentos, o czar foi derrubado e Lênin subiu ao poder. Ele assumiu o controle do país em 1917, após a Revolução de Outubro, e cinco anos depois esse poder foi ainda mais consolidado quando seu Exército Vermelho surgiu vitorioso da guerra civil. Foi o nascimento da União Soviética, que prometia que, juntas, as pessoas trabalhariam rumo a um futuro melhor para todos. E, no âmbito dessa doutrina, o cosmismo encontrou seu lar.

De uma hora para outra, as obras de Tsiolkovsky tornaram-se amplamente disponíveis. Os acadêmicos da União Soviética liam suas obras técnicas, e o público em geral, suas histórias de ficção científica e outros escritos populares. Em 1932, ele investigou ainda mais detalhadamente o futuro na obra *Cosmic Philosophy* [Filosofia cósmica]. Não era exatamente um romance, mas uma discussão. O livro descreve uma época em que os humanos se aventuravam além dos planetas do sistema solar e viajavam livremente entre as estrelas.

Nessa nova era política, o cosmismo influenciou profundamente a cultura. A medida de sua influência pode ser avaliada tomando-se como base o desfile de 1º de maio de 1935. Durante essa celebração anual, líderes soviéticos e a população reuniam-se na Praça Vermelha de Moscou para acompanhar um desfile militar e celebrar o estado soviético. Na reunião do ano de 1935, o próprio Tsiolkovsky foi convidado a discursar para a multidão. Aos setenta e sete anos e com a saúde debilitada, ele falou com confiança sobre o futuro:

> *Hoje, camaradas, finalmente estou convencido de que um antigo sonho – a viagem espacial – para o qual forneci fundamentos teóricos será realizado. Creio que muitos de vocês serão testemunhas da primeira viagem para além da atmosfera. Na União Soviética, temos muitos jovens pilotos [...] [e] deposito neles minhas esperanças mais profundas. Eles ajudarão a realizar minhas descobertas e prepararei os talentosos construtores do primeiro veículo espacial. Heróis e homens de coragem inaugurarão as primeiras vias aéreas: a órbita Terra-Lua, a órbita Terra-Marte e ainda mais longe; Moscou para a Lua, Kaluga para Marte!*[82]

Poucos meses depois, ele morreu em sua casa, em Kaluga. Àquela altura, o esforço soviético para o desenvolvimento de foguetes estava em andamento, sob a liderança de Sergei Korolev. Nascido em 1907, Korolev fascinou-se com a aviação quando ainda era criança e, aos vinte e quatro anos, ajudou a fundar o Grupo para o Estudo de Movimento Reativo (em inglês, GIRD – Group for the Study of Reactive Motion), financiado pelo Estado, em Moscou. Inicialmente, pensava-se que foguetes poderiam aprimorar as aeronaves, mas Korolev foi rápido em reconhecer sua aplicabilidade às viagens espaciais. Antes que pudesse progredir nas investigações, no entanto, outra revolta política engoliu a União Soviética e pôs em risco não apenas os esforços de Korolev mas também sua vida.

Em 1936, o líder soviético Josef Stalin estava convencido de que alguns membros de seu governo conspiravam contra ele e começou uma campanha para eliminar rivais políticos. O que começou como um expurgo do Partido Comunista rapidamente se espalhou para funcionários do governo, intelectuais, artistas, proprietários de terras, acadêmicos e cientistas, e a paranoia de Stalin fugia ao controle. Em 1938, a polícia secreta soviética chegou ao GIRD. Korolev e outros foram presos e receberam uma série de acusações forjadas. Confissões foram extraídas sob tortura, junto com acusações jogadas uns contra os outros, e todos foram julgados traidores.

Os líderes do grupo, Ivan Kleymenov e Georgy Langemak, foram executados. Korolev também foi condenado à morte e enviado para a prisão para aguardar seu destino, mas o expurgo estava começando a perder fôlego e, por fim, sua sentença foi comutada para oito anos de trabalho em um campo estatal para intelectuais, o chamado Escritório de Projetos Experimentais. Enquanto estava lá, iniciou-se a Segunda Guerra Mundial, e ele foi designado para trabalhar em projetos de aeronaves, incluindo um trenó impulsionado por foguetes, que teria a função de colocar os aviões no ar mais rapidamente.

Quando a guerra terminou, Korolev foi dispensado do campo de trabalhos forçados e alistado como coronel no Exército Vermelho. Ele foi enviado à Alemanha para vasculhar os restos da base nazista em Peenemünde, perto da fronteira com a Polônia, onde toda uma nova forma de guerra fora desenvolvida: mísseis impulsionados por foguetes. O arquiteto do programa havia sido um homem chamado Wernher von Braun. Conforme a máquina de guerra alemã ruía, von Braun e seus homens receberam ordens de abandonar a base, mas, em vez de voltar para o coração da Alemanha ou cair nas mãos dos russos, renderam-se aos americanos que avançavam. A peça central do programa de foguetes de von Braun era o V2, que foi o primeiro míssil balístico guiado de longo alcance já produzido. Com catorze metros de altura e alcance operacional de duzentas milhas, o V2 foi usado para atacar cidades dos Aliados, incluindo Londres, Antuérpia e Liège, na Bélgica, matando cerca de nove mil pessoas.

O desenvolvimento soviético de tais mísseis era uma prioridade para Stalin. Korolev foi nomeado líder de projeto e encarregado de colocar o plano em prática. Em 1947, ele e sua equipe trabalharam para descobrir como construir um V2 e, a partir de então, definir como poderiam melhorar o projeto. Em 1953, estavam confiantes de que poderiam construir um míssil capaz de transportar uma ogiva nuclear até os Estados Unidos. O projeto foi nomeado R-7 e, conforme se iniciavam os trabalhos para transformá-lo em realidade, Korolev também imaginou uma aplicação menos destrutiva: enviar satélites para a órbita da Terra. Seu colega de trabalho, Mikhail Tikhonravov, escreveu um relatório sobre como o R-7 poderia ser usado para tal fim e, ao longo de 1954, Korolev buscou financiamento das autoridades soviéticas para construir e lançar um satélite artificial repleto de equipamentos científicos. Mas a ideia não despertou entusiasmo e os fundos não foram disponibilizados. O que ninguém na União Soviética sabia na época era que, do outro lado do Atlântico, outros trabalhavam em objetivos semelhantes.

Após sua rendição, Wernher von Braun e seus colegas foram secretamente transferidos para os Estados Unidos da América, em 20 de setembro de 1945. Uma vez no país, esperava-se que treinassem os americanos na produção e utilização de foguetes e que continuassem seus próprios projetos com financiamento americano. Eles ajudaram a preparar e lançar vários V2, que haviam sido levados da Alemanha, e realizaram estudos sobre novos projetos que poderiam ser usados tanto para pesquisa militar quanto para pesquisa científica. A eclosão da Guerra da Coreia, em 1950, contribuiu para que os americanos abrissem a carteira, e von Braun liderou o desenvolvimento do foguete Redstone, o primeiro grande míssil balístico americano.

Durante esse período, os Estados Unidos estavam cientes do potencial militar do espaço. Eles imaginaram o desenvolvimento de satélites espiões capazes de fotografar territórios inimigos. Mas um movimento tão agressivo trazia um risco.[83] Qualquer missão militar que sobrevoasse a União Soviética poderia provocar uma acusação de que os EUA estavam violando a soberania nacional soviética. Não havia precedente a respeito da soberania do espaço sobre uma nação, exceto pela legislação relativa às águas terrestres e ao espaço aéreo. Sob tais regras, uma nação poderia confiscar qualquer veículo que entrasse em seu território sem a devida autorização. Caso os Estados Unidos simplesmente lançassem um satélite espião que sobrevoasse seu território, os soviéticos poderiam apelar às leis internacionais, alegando violação de direitos. Claramente isso era algo que o presidente Dwight Eisenhower desejava evitar a qualquer custo.

Em uma grande cúpula entre as superpotências da Guerra Fria em 1955, em Genebra, Suíça, ele sugeriu à sua contraparte soviética o conceito de "liberdade espacial". Ele explicou que o desenvolvimento de mísseis balísticos intercontinentais que carregavam ogivas nucleares de ambos os lados trazia consigo o medo de ataques-surpresa. Sua solução foi sugerir que eles removessem os limites territoriais no espaço para que ambos os lados implantassem satélites espiões projetados para tranquilizar a todos de que nenhum movimento agressivo estava sendo planejado. Os soviéticos rejeitaram a proposta imediatamente, pois a consideraram um estratagema americano para identificar alvos para ataques de mísseis. Então, Eisenhower precisou de uma abordagem diferente. Por sorte, a oportunidade estava próxima.

Um comitê internacional de cientistas planejava estabelecer uma colaboração de um ano para estudar o nosso planeta como um todo. Chamado de Ano Geofísico Internacional (em inglês, IGY – International Geophysical Year), e se iniciando em 1957, o esforço incluiu estudar fenômenos como a aurora boreal e a aurora austral, que ocorriam na fronteira da atmosfera da Terra com o espaço. Crucialmente, os soviéticos planejavam se juntar ao IGY e, visto que o melhor lugar para se observar a Terra inteira era o espaço sideral, Eisenhower percebeu a oportunidade.

Em 29 de julho de 1955, apenas onze dias após a Conferência de Genebra, o secretário de imprensa de Eisenhower, James Hagerty, anunciou que os EUA lançariam o primeiro satélite artificial do mundo como parte do Ano Geofísico Internacional. A espaçonave carregaria uma carga de instrumentos científicos para começar o estudo da Terra a partir de uma posição estratégica completamente nova. O presidente apostou que ninguém seria capaz de fazer objeções a uma nave que circundasse a Terra em nome de uma colaboração internacional científica que incluía os soviéticos. Assim que o satélite estivesse instalado e funcionando, se estabeleceria naturalmente o espaço como um lugar internacional, além dos limites dos territórios nacionais.

Na União Soviética, a manifestação americana fez as autoridades voltarem sua atenção novamente para a proposta do satélite científico de Korolev. Em 30 de agosto, o líder de projetos apresentou um relatório atualizado para o Comitê Militar-Industrial de Moscou e a Academia Soviética de Ciências. Ele prometeu que um satélite científico de uma tonelada e meia seria lançado entre abril e junho de 1957, pouco antes do início do Ano Geofísico Internacional, superando, assim, os americanos. Ambos os órgãos concordaram com a proposta e o satélite recebeu o codinome Object-D. Nenhuma declaração pública a respeito foi feita.

Korolev começou a trabalhar e liderou suas equipes com o mesmo ímpeto com o qual se dedicava para dar vida ao foguete R-7 e adaptá-lo para o espaço. Nos EUA, Eisenhower rejeitou o uso do foguete Redstone de von Braun para lançar seu próprio satélite e escolheu um concorrente, desenvolvido pela Marinha dos Estados Unidos, de codinome Projeto Vanguard. Mais tarde, perceberia o equívoco dessa decisão.

No início de 1957, as equipes soviéticas e americanas eram atormentadas por problemas técnicos. Nos EUA, o Projeto Vanguard ultrapassava o orçamento: passou de um programa de 20 milhões de dólares para 110 milhões. Eisenhower reclamou que os cientistas sonharam demais e projetaram satélites maiores e mais elaborados do que ele havia originalmente aprovado. Ele deixou claro que o objetivo principal era que os EUA fossem os primeiros a lançar o satélite, e não a qualidade científica resultante.

Na União Soviética o cenário era bastante semelhante. Os soviéticos também tiveram problemas porque o R-7 não fornecia o impulso necessário para levar um satélite robusto à órbita. Pragmático como sempre, Korolev procurou mudar a carga. Em vez de uma missão científica totalmente equipada, ele propôs o lançamento de um pequeno transmissor de rádio que poderia ser rastreado por amadores em todo o planeta. Seria alojado em uma esfera de metal com apenas cinquenta e oito centímetros de diâmetro, e teria quatro antenas de transmissão. Seu novo plano foi aprovado, o satélite foi construído e um possível lançamento foi marcado para 17 de setembro de 1957, convenientemente, o aniversário de Konstantin Tsiolkovsky. No final, a data foi adiada para 4 de outubro.

O lançamento foi feito no Cazaquistão, em um local que, desde então, transformou-se na base de lançamento mais importante dos soviéticos, o Cosmódromo de Baikonur. Após um dia tenso de verificações finais, o foguete – que recebera o nome de Sputnik – subiu aos céus às 22h28, horário de Moscou. Uma multidão de engenheiros que havia trabalhado no satélite saiu para observar o foguete que se erguia no céu escuro da noite. Cada vez mais alto, voou até desaparecer de vista. Em seguida, a multidão correu para a estação de rádio para esperar pelo bipe que sinalizaria que a pequena espaçonave (Sputnik-1) havia se separado do foguete. Eles ouviram, mas apenas por alguns minutos. O sinal foi cortado quando o satélite, em alta velocidade, desapareceu no horizonte. Isso era esperado, mas, mesmo assim, todos ficaram apreensivos. Será que o satélite tinha chegado ao espaço? Havia dúvidas.

Eles haviam programado o foguete para colocar o Sputnik-1 em uma órbita alongada de 223 por 150 quilômetros. Isso significava que o satélite demoraria pouco mais de cem minutos para orbitar a Terra; porém, ao analisarem os dados transmitidos pelo foguete via rádio durante sua subida, perceberam que um mau funcionamento faria com que a órbita não fosse tão ampla quanto tinham planejado. Ansioso, Korolev decidiu não ligar para o primeiro-ministro soviético Nikita Khrushchev até ter certeza do destino de seu satélite. Isso significava esperar que o sinal reiniciasse enquanto o Sputnik-1 subia acima do horizonte, perto de completar sua primeira órbita. A espera dos engenheiros foi agoniante.

Cerca de uma hora e meia depois, o batimento cardíaco eletrônico voltou a soar pelo receptor de rádio, e todos respiraram com grande alívio. O Sputnik-1 estava em órbita. O lugar vibrou em celebração. De um canto mais silencioso, Korolev telefonou para Khrushchev. E a relação do mundo com o céu noturno modificou-se mais uma vez.

A Agência Telegráfica da União Soviética (em inglês, TASS – Telegraph Agency of the Soviet Union) enviou informações a respeito do sucesso do Sputnik para o mundo inteiro, e o assunto não demorou a dominar os noticiários. O *Daily Express* de Londres cunhou o termo

"Era Espacial" na manchete: "Inicia-se a Era Espacial".[84] Colunas de opinião e editoriais elogiaram a chegada dessa nova era e encorajaram as pessoas a sintonizar seus aparelhos de rádio para ouvir o sinal do espaço ou a procurar o ponto brilhante que cruzava o céu noturno.

Na verdade, o satélite era tão pequeno que quase não se poderia detectá-lo a olho nu, mas Korolev sabia que a maior parte do foguete também entraria em órbita. Com vinte e seis metros, era muito maior do que o Sputnik-1, com seus meros cinquenta e oito centímetros. Então, ele solicitou aos engenheiros que instalassem painéis reflexivos no foguete, para refletir a luz do Sol até a Terra, o que o tornaria quase tão brilhante quanto as estrelas mais cintilantes. Cruzando o céu de horizonte a horizonte em questão de minutos, era impossível não vê-lo — ainda que fosse uma visão inquietante. Surgia como um único ponto de luz, praticamente indistinguível de uma estrela, mas a velocidade sobrenatural com que se movia tornava-o diferente de tudo o que já fora visto. Pela primeira vez na história humana, alterávamos a aparência do céu noturno, e a reação que isso provocou foi visceral, quase primitiva.[85]

Naquela época, o americano Homer Hickam tinha catorze anos e morava na Virgínia Ocidental. Ele se tornaria um dos engenheiros da NASA que trabalhariam nas missões da Apollo na Lua. Em sua autobiografia, *Rocket Boys* [Garotos-Foguete], que foi adaptada no longa-metragem *October Sky* [O céu de outubro], de 1999, ele se recorda do momento em que viu o foguete soviético cruzar o céu: "Olhei para ele com a mesma atenção que eu manteria se o próprio Deus em uma carruagem dourada aparecesse voando sobre nossas cabeças. Ele se movia com uma determinação que parecia inexorável e perigosa, como se não houvesse poder no Universo capaz de detê-lo".[86]

O evento foi uma lição de humildade, mas não apenas para Homer. Os líderes americanos ficaram horrorizados. Foram publicamente humilhados pelos soviéticos em um esforço que consideravam, inconscientemente, ser o destino americano. A exploração do espaço havia sido incorporada à consciência americana do pós-guerra, e todo um gênero de literatura cresceu em torno do tema.

As histórias dessa época, hoje conhecida como a "era de ouro da ficção científica", exploravam a ideia de extraterrestres, visto que a crença na pluralidade dos mundos havia se tornado universal.

Investigavam também as possíveis ramificações que a tecnologia avançada teria em nossas vidas. Algumas dessas histórias contemplavam um futuro distante, quando a viagem para as estrelas seria tão simples quanto uma viagem pelo oceano. Outras se concentravam em nossa exploração incipiente do sistema solar, em um futuro próximo. Nesse gênero, um autor dominou todos os outros: o escritor inglês Arthur C. Clarke. Seguindo uma linha semelhante à de Tsiolkovsky, ele baseou sua ficção científica em avanços tecnicamente plausíveis, bastante possíveis de serem realizados durante o século XX.

Clarke e seus contemporâneos, como os romancistas americanos Isaac Asimov e Robert Heinlein, entretiam o público com histórias de exploração espacial baseadas na filosofia positivista, que valorizava apenas as coisas que podiam ser medidas e verificadas cientificamente. O positivismo define progresso como a aplicação de soluções tecnológicas que proporcionem o alcance de objetivos que, de outra maneira, não seriam alcançados. A exploração espacial se encaixava perfeitamente nesse conceito.

O apoio de von Braun a tudo isso o alinhava perfeitamente com os valores americanos da época. Portanto, apesar dos questionamentos de alguns comentaristas sobre seu papel como oficial nazista na Segunda Guerra Mundial, ele se tornou uma figura valiosa – até mesmo famosa – na promoção da exploração espacial. Ele também foi colaborador de uma série de artigos intitulada *Man Will Conquer Space Soon!* [O homem conquistará o espaço em breve!], da revista *Collier's Weekly*. Os artigos eram ilustrados por Chesley Bonestell, que também exerceu uma grande influência sobre a maneira como o público americano enxergava a exploração espacial, dado o caráter evocativo de suas ilustrações.

Bonestell nasceu na Califórnia, em 1888, e já na adolescência desenvolveu um amor pela astronomia, mais exatamente depois de ver Saturno por meio de um telescópio durante uma noite de observação pública no Observatório Lick, em San Jose. Estudou arquitetura na Columbia University, Nova York, e passou a fazer ilustrações do projeto da Ponte Golden Gate, em São Francisco, para que potenciais investidores pudessem visualizar a estrutura na qual investiriam. Mais tarde, trabalhou em Hollywood e criou ilustrações fotorrealistas para servirem de pano de fundo em filmes como *O corcunda de Notre Dame*, de 1939, e *Cidadão Kane*, de 1941.

O momento decisivo de sua carreira se deu em 1944, quando ele passou a mesclar sua arte com seu interesse pela astronomia. Ao retomar seu amor por Saturno, produziu uma série de pinturas que retratavam com precisão como seria o planeta gigante se alguém o visse a partir de suas diferentes luas. Seu estilo preciso dava a impressão de que as pinturas eram fotografias reais e causou frisson. Antes das naves espaciais robóticas da NASA dos anos 1970 e 1980, eram as visões de Bonestell que moldavam a percepção do público sobre como seria estar no espaço.

Seu estilo merece destaque porque dava seguimento a uma tradição da pintura de paisagens americanas derivada de Burke e das ideias de Kant sobre o sublime. Ao longo do século XIX, artistas como Thomas Cole, Albert Bierstadt e Frederic Edwin Church haviam pintado as paisagens mais dramáticas que a América do Norte tinha a oferecer. Os cenários que eles retratavam eram frequentemente usados para expressar o aspecto dos confins para os quais os americanos avançavam suas fronteiras e foram pintados de forma a causar imensa admiração. Foi exatamente o que Bonestell fez em suas pinturas de luas e planetas. Sem fotos reais ou outras referências em que se basear, Bonestell imaginou picos rochosos e enormes paisagens alienígenas que refletiam as visões terrestres de seus predecessores do século XIX. No que se refere à Lua, ele enfatizava cada vez mais a natureza grandiosa dessas paisagens ao mostrar minúsculas figuras humanas e até foguetes inteiros aninhados em contraste com o cenário. Ao criar essas imagens, Bonestell encontrou a maneira perfeita de simbolizar a ideia de Kant a respeito do sublime cósmico.

Durante essa década, a forma como os seres humanos se relacionavam com o céu noturno modificou-se rapidamente: o objetivo não era mais sentar sob as estrelas e contemplá-las, mas reivindicá-las, transformá-las em um reino humano. Tanto os Estados Unidos quanto a Rússia pensavam que esse era o seu destino. Assim, o sucesso do Sputnik-1 foi um golpe de martelo no orgulho americano, que desestabilizou sua presunção de liderança global.

Em 5 de outubro de 1957, o *New York Herald Tribune* declarou que havia ocorrido uma "grave derrota para a América".

A batalha entre o comunismo e o capitalismo ocorria no céu noturno. Alimentando-se da guerra ideológica, a TASS declarou que "a geração atual testemunhará como o trabalho livre e consciente do povo da nova sociedade socialista transforma até mesmo o mais ousado dos sonhos do homem em realidade".

A situação dos Estados Unidos piorou quando uma fonte anônima de Huntsville, Alabama, disse à Associated Press que estava "zangada e angustiada" porque os EUA poderiam ter lançado o satélite primeiro se seus líderes tivessem autorizado o uso do foguete Redstone, em vez do Vanguard. Paul Dickson, autor de *Sputnik: The Shock of the Century* [Sputnik: o choque do século], acredita que a fonte anônima era o próprio von Braun, em contra-ataque a Washington por não terem confiado nele.

Em resposta à crise, os americanos aceleraram os trabalhos no Projeto Vanguard. Em vez de lançar um satélite científico para o IGY, eles rapidamente montaram um satélite-teste chamado TV3. Era quase idêntico ao Sputnik-1, e o lançamento foi marcado para 6 de dezembro, apenas dois meses depois. Um mês antes desse dia, no entanto, os soviéticos tomaram a frente mais uma vez. O Sputnik-2 atingiu a órbita em 3 de novembro de 1957, levando a bordo a cadela Laika, o primeiro ser vivo a deixar o planeta.

No dia do lançamento do Vanguard, câmeras foram posicionadas para capturar o momento histórico da entrada da América na corrida espacial. O país acompanhou a contagem regressiva chegar a zero e o foguete ganhar vida. Pessoas prenderam o fôlego quando o Vanguard começou sua longa escalada em direção à órbita, mas a apenas 1,2 metro do solo o foguete perdeu impulso. Caiu na Terra como se estivesse em câmera lenta e transformou-se em uma enorme bola de fogo. A cobertura da imprensa foi inclemente, com alguns veículos ridicularizando a tentativa ao chamar o satélite americano de Kaputnik e outras variações. Na ONU, a delegação soviética provocou sua contraparte americana ao perguntar se desejava receber ajuda do "orçamento de países subdesenvolvidos". Sofrendo com a humilhação nacional, o *New York Herald Tribune* escreveu: "As pessoas em Washington deveriam ficar caladas até conseguirem colocar uma toranja ou algo que o valha em órbita".

Esse "algo" finalmente chegou ao espaço em 31 de janeiro de 1958, graças ao foguete Redstone projetado por von Braun. Ele colocou o aguardado satélite científico, o Explorer 1, em órbita. Ao ceder aos talentos do cientista alemão, os Estados Unidos estavam de volta à corrida espacial, e o Explorer 1 fez uma descoberta importante: que a Terra era cercada por cinturões de radiação, o que poderia representar perigo para astronautas e instrumentos eletrônicos caso não fossem adotadas as devidas precauções.

Determinados a não serem superados novamente, os EUA estabeleceram a National Aeronautics and Space Administration [Complexo Nacional de Aeronáutica e Espacial] (NASA) e a incumbiram de conduzir uma expansão urgente e rápida da exploração espacial. O objetivo era estabelecer a nação como líder em tecnologia e exploração espacial. Mas nem todos achavam que isso fosse uma necessidade. Grande parte da população considerava a exploração espacial um esforço estéril que colocava a conquista tecnológica acima das necessidades humanas básicas na Terra. Aqueles que compartilhavam dessa opinião desprezavam a autoridade e valorizavam as liberdades individuais. E certamente não precisavam viajar para o espaço para apreciar o céu noturno. Conforme seus ideais ganhavam popularidade, eles contribuíram para o advento da contracultura da década de 1960 e, em seguida, para a espiritualidade da Nova Era nos anos 1970.

No entanto, esses movimentos que se opuseram à NASA não foram tirados da cartola. Foram o desenvolvimento de uma onda que remonta ao século XIX, que buscava restaurar o que muitos entendiam ter sido perdido durante o Iluminismo. Eles consideravam que ciência e tecnologia eram abordagens equivocadas, e que o céu noturno era algo a ser contemplado a distância. Então, buscaram trazer de volta o encanto do céu noturno com um renascimento do interesse pela astrologia.

10

TOCANDO O CÉU NOTURNO

No poema "When I Heard the Learn'd Astronomer" [Quando ouvi o sábio astrônomo], o poeta americano do século XIX Walt Whitman capturou os sentimentos de desencanto que muitos no mundo ocidental experimentavam na época. Ele escreveu:

> *Quando ouvi o sábio astrônomo,*
> *Quando as provas, os números, foram dispostos em colunas diante de mim,*
> *Quando apresentaram-me os gráficos e diagramas, para adicionar, dividir e medir,,*
> *Quando eu, sentado, ouvi o astrônomo onde lecionava perante aplausos na sala de aula,*
> *De imediato, inexplicavelmente, tornei-me cansado e doente,*
> *Até levantar e sair, e vaguei sozinho,*
> *No místico e úmido ar noturno, e por vezes,*
> *Em perfeito silêncio, contemplei as estrelas.*

Na opinião de Whitman, a ênfase científica na medição e na precisão arruinou nossa conexão emocional com as estrelas. No poema, ele sugeriu que o caminho para nos reconectarmos era simplesmente esquecer a matemática e nos postar sob o céu noturno com a mente aberta. Ele não renegava o trabalho dos astrônomos, mas simplesmente reconhecia que havia duas maneiras de perceber as coisas. No entanto, para alguns no século XIX, esse era um ponto de vista muito brando. Eles desejavam descartar as conclusões da revolução científica e tornar o céu noturno encantador novamente, com ideias fantásticas que extrapolavam o alcance da física. Uma dessas pessoas foi Helena Blavatsky.

Nascida em 1831, em Yekaterinoslav, que fazia parte do Império Russo e atualmente é território da Ucrânia, Blavatsky teve uma formação privilegiada: sua avó era da nobreza russa, e seu pai, membro da aristocracia. Quando a mãe morreu de tuberculose, em 1842, com apenas 28 anos, Blavatsky, com pouco menos de onze anos de idade, foi levada para Saratov, uma grande cidade russa às margens do rio Volga, para ser criada por seus avós. Foi lá, durante a adolescência, que ela se interessou pelo chamado conhecimento esotérico.

O esoterismo englobava uma gama de crenças que consideravam que algo mágico comandava a natureza. O que quer que fosse, encontra-se em um reino espiritual além de nossa capacidade de avaliação. É metafísico e opera além dos limites normais de causa e efeito. Para aqueles que acreditam no conhecimento esotérico, o Universo físico é percebido muitas vezes como algo que atrapalha o caminho, pois obscurece a verdadeira realidade espiritual.

Ao longo da história, sempre houve grande interesse pelos conhecimentos esotéricos. O esoterismo surgiu no mundo clássico junto com o cristianismo e visava habitar um meio-termo entre o racionalismo puro, encontrado na filosofia, e a fé exigida pela religião. O próprio termo foi cunhado como zombaria pelo satirista grego Luciano de Samósata.

Blavatsky afirmava que havia descoberto o assunto em livros da biblioteca de seu bisavô, que tinha sido maçom na década de 1770. Muitos maçons, seu avô entre eles, também faziam parte da Rosacruz, uma ordem espiritual que surgiu como uma reação à Era do Iluminismo. Ela abraçou as disciplinas esotéricas que a ciência havia descartado: alquimia, magia e astrologia. O Rosacrucianismo fazia parte de uma tradição mais antiga conhecida como hermetismo, centrada na doutrina microcosmo-macrocosmo, que operava de acordo com a máxima "o que está acima é como o que está abaixo". Batizados em referência ao mitológico Hermes, o mensageiro dos deuses, os herméticos acreditavam em uma versão da astrologia segundo a qual os planetas influenciam as condições na Terra, mas não ditam diretamente nossas ações. Isso significava que era necessário uma contemplação mais profunda da natureza para entender como essas influências do céu noturno funcionavam.

Blavatsky disse mais tarde que fora guiada durante seu tempo de descoberta por um misterioso indiano que se manifestava em visões. Ela também disse que aprendeu a se projetar ao "plano astral", um reino de "luz" supostamente invisível que existia entre o céu e a Terra e que constituía a verdadeira realidade. Diz-se que compartilha espaço com as "esferas astrais" dos planetas, mas é impossível de ser detectado com nossos olhos. Seria o lar de anjos, demônios e espíritos.

Os vinte e cinco anos seguintes da vida de Blavatsky são difíceis de investigar porque ela salpicava propositalmente seus relatos com inconsistências, mas sabe-se que ela empreendeu grandes viagens para se familiarizar com estilos de vida mais espiritualizados. Suas ideias eram frequentemente influenciadas pelas religiões e filosofias orientais, e ela afirmou ter encontrado muitos adeptos, incluindo magos, xamãs e médiuns. Também dizia que suas próprias habilidades paranormais se desenvolveram a tal ponto que os móveis se moviam por vontade própria quando ela entrava nos aposentos. Ela finalmente aprendeu a controlar seus poderes em 1864, ao acordar depois de vários meses em coma em decorrência da queda de um cavalo. Ela então alegou que havia estado no Tibete (o que teria sido um feito excepcional, visto que a entrada de europeus no país era proibida no século XIX), onde foi levada a um mosteiro e aprendeu uma linguagem secreta, para que pudesse ler manuscritos sigilosos e aprender o conhecimento antigo. Embora a maioria dos historiadores e biógrafos acredite que suas histórias fossem fantasiosas, suas ideias influenciaram milhões de pessoas ao redor do mundo.

Na década de 1870, os vitorianos estavam apaixonados pelo conceito de espiritualismo. Sessões espíritas eram altamente populares e consideradas evidência de um plano espiritual, comumente entendido como sinônimo do plano astral. Quando Blavatsky visitou os Estados Unidos (dessa vez de verdade), ela conheceu Henry Steel Olcott, um repórter interessado em fenômenos espirituais. Ele caiu completamente sob o feitiço de Blavatsky e começou a promover o trabalho dela. Em 1875, fundaram a Sociedade Teosófica, que tratava da sabedoria divina. Evitando as hierarquias políticas e aristocráticas do passado, essa sociedade defendia a igualdade para todos e um futuro construído na iluminação espiritual.

Em 1875, Blavatsky escreveu um livro, *Ísis sem véu*, no qual delineou os princípios teosóficos e apresentou o termo ocultismo, que significa conhecimento secreto. Seu trabalho imediatamente foi alvo de fortes críticas, pois Blavatsky havia copiado grandes porções de outras publicações esotéricas sem creditar o material original. Olcott saltou em sua defesa, alegando que ela não tivera acesso a esses livros, o que implicava que qualquer semelhança ocorrera porque Blavatsky havia acessado espiritualmente a verdade fundamental que descrevia.

Deixando de lado sua ética como autora, *Ísis sem véu* é uma grande síntese da tradição esotérica e das misteriosas "verdades" que tenta abordar. A obra claramente se baseia nas ideias de Platão a respeito de uma realidade oculta e perfeita. Originalmente, a realidade de Platão era um reino matemático perfeito, mas para Blavatsky era a dimensão incorpórea dos espíritos. E em vez da afirmação de Platão de que o pensamento racional pode nos aproximar da compreensão desse reino, Blavatsky ecoou os herméticos e imaginou que sua realidade oculta só poderia ser acessada de uma forma espiritual.

Blavatsky dizia que a teosofia ressuscitou uma sabedoria antiga que fora amplamente conhecida, mas que havia se perdido durante milênios, e a má interpretação desse conhecimento resultou no surgimento de muitas religiões diferentes no mundo. Ela também acreditava que o mundo ocidental do século XIX havia atingido um nadir por causa de sua obsessão com um Universo físico e mensurável. Para sair desse beco intelectual, dizia, era necessário que se enfatizasse a iluminação espiritual, e ela defendeu a astrologia como maneira de acessar essa sabedoria espiritual do plano astral.

A astrologia estava desacreditada desde o século XVII, quando foi rejeitada pelos cientistas em decorrência da falta de evidências diretas que oferecia. Blavatsky defendeu essa arte ao repetir a avaliação de Ptolomeu de que a astrologia era infalível, mas que sua interpretação era difícil, o que levava a erros. À semelhança da analogia que Thomas Hardy traçou entre a capacidade da astronomia de desbloquear o comportamento das estrelas e a possibilidade de conhecer a mente de alguém, Blavatsky comparou a astrologia à ciência da psicologia – na época, ainda engatinhando –, dizendo que em ambas era preciso aventurar-se além do "mundo visível da matéria" para enxergar a verdadeira realidade.

A vida de Blavatsky coincidiu com o surgimento da psicologia como disciplina científica. Na década de 1880, Sigmund Freud iniciou o trabalho que levaria à invenção da psicanálise. Freud acreditava que o comportamento das pessoas era motivado por sua mente inconsciente. Ao trazer esses pensamentos inconscientes, sentimentos, desejos e memórias à superfície por meio da terapia, uma pessoa poderia entender a razão de seu comportamento e ser mais objetiva com relação às próprias decisões.

Blavatsky adotou uma abordagem similar com a astrologia, declarando que a posição dos planetas poderia revelar os motivos por trás dos eventos frequentemente aleatórios de nossas vidas. No século II, Ptolomeu pensava que a influência astrológica era transmitida a nós pelo clima e pelas forças da natureza. Como os cientistas refutaram isso, Blavatsky sugeriu um elo que era, por definição, imensurável. Mantendo o conceito de que "o que está acima é como o que está abaixo", ela afirmou que as posições dos planetas não eram em si responsáveis por nossas ações e pelos eventos em nossa vida. Em vez disso, os planetas responderiam às mesmas forças espirituais que nos cercam e influenciam. Em outras palavras, seriam sondas indiretas dessa energia espiritual.

Ao sugerir esse elo místico, Blavatsky apelou ao sentimento do sublime que temos ao contemplar o céu noturno. Ela insistiu que, ao ler as posições dos planetas, o astrólogo habilidoso poderia determinar as "tendências" da Terra, que eram, de certa forma, como os desejos inconscientes analisados na psicologia. Apesar da implausibilidade científica – ou talvez por causa dela – *Ísis sem véu* foi um sucesso comercial. Lojas teosóficas surgiram no mundo inteiro. Em 1885, havia mais de 120 lojas em funcionamento. A grande maioria estava localizada dentro e ao redor do subcontinente indiano, onde a população já acreditava amplamente nessas ideias.

Blavatsky atraiu ainda mais polêmica com as alegações sobre suas habilidades paranormais. Essas declarações foram imediatamente recebidas com ceticismo, mas quando dois ex-funcionários da sociedade teosófica na Índia alegaram ter provas de que ela era uma fraude, o escândalo atingiu a imprensa nacional inglesa. A dupla confirmou que as cartas que apareciam magicamente durante as sessões espíritas eram na verdade repassadas para ela por meio de portinholas secretas operadas por seus funcionários. Quando as acusações foram publicadas no *The Times*, de Londres, um membro da recém-formada *Society for Psychical Research* [Sociedade de Pesquisas Psíquicas] deixou a Inglaterra e foi à Índia para investigar, e concluiu que as sessões de Blavatsky não passavam de elaborados truques de salão.[87]

Resistindo à tempestade, ela se estabeleceu em Londres e continuou a publicar livros sobre diversos temas, da existência do Universo físico à evolução dos seres humanos. Todo o seu trabalho desse período apresenta uma forte ênfase na astrologia, o que pode ter atraído o astrólogo britânico Alan Leo à teosofia em 1890.

William Frederick Allan, também conhecido como Leo, nasceu em 1860 e é uma figura seminal no interesse moderno pela astrologia.[88] Uma das peças centrais da sua reinvenção da astrologia foi a rejeição da complexidade da astrologia ptolomaica, que preconizava que as posições dos planetas, do Sol e da Lua deveriam ser todas avaliadas. Em vez disso, ele promoveu vigorosamente a ideia de que o Sol detinha a maior influência e que a astrologia era uma ferramenta para análise de caráter, em vez de um meio de prever eventos futuros. Em sua opinião, a constelação na qual o Sol se encontra na data de nascimento domina a personalidade. Então, todos aqueles nascidos sob o signo de Sagitário possuem traços de personalidade semelhantes, assim como todos aqueles que nascem sob Peixes, Áries etc. Esse foi o momento em que o conceito moderno do "signo" astrológico nasceu. É por isso que, em 1885, ele mudou seu nome para Leo, para refletir a constelação que o Sol cruzou no momento de seu nascimento.

Em 1898, Leo fundou a *The Astrologer's Magazine*, cujo nome ele mudou para *Modern Astrology* alguns anos depois. Para atrair leitores, ele oferecia uma leitura astrológica gratuita e personalizada a cada assinatura, iniciando assim o fenômeno do horóscopo de jornal que persiste até hoje. Como Blavatsky, ele atraiu críticas, mas as acusações de charlatanismo – de cientistas e outros astrólogos ciumentos – apenas aumentaram sua fama.

Em 1915, Leo já havia publicado cerca de trinta livros sobre sua versão reimaginada da astrologia e suas ligações com o pensamento teosófico. Sua influência foi realmente considerável, tanto direta quanto indiretamente. Quando o compositor Gustav Holst se interessou por astrologia em 1913, durante suas férias em Maiorca com um grupo de amigos artistas, leu o livro *What is a Horoscope?* [O que é um horóscopo?], de Leo. A prosa era tão poderosa que Holst se sentiu confiante o suficiente para começar a fazer horóscopos para seus amigos. E dessa experiência surgiu a ideia de compor a sua famosa suíte musical *The Planets* [Os planetas], que capturava as supostas influências astrológicas dos planetas em nossas personalidades.

Com o renovado interesse pela astrologia, Blavatsky e Leo perceberam um movimento na direção de uma forma mais espiritual de autoconhecimento, que nos reconectava com o céu noturno e nos preparava para o fim do reino físico e a chegada da era espiritual profetizada por Blavatsky. Eles se sentiram confiantes o bastante até para usar a astronomia para estabelecer uma data para o início dessa nova era.

Em seus textos teosóficos, Blavatsky chamou a atenção para o fenômeno conhecido como precessão. Já fizemos uma menção ao assunto no capítulo 2. Trata-se de uma oscilação lenta da Terra que faz com que a direção norte pareça traçar um amplo círculo no céu noturno ao longo de 25.772 anos. Conforme a direção norte no céu muda, coisa semelhante acontece com a orientação do equador celestial – a projeção do equador da Terra no espaço. Essa mudança de orientação é importante porque influencia os equinócios. A aparente passagem do Sol pelo céu, causada pelo movimento da Terra por sua órbita, é chamada de eclíptica. Durante o período de um ano, o Sol parece passar na frente de cada constelação zodiacal, até que todas as doze tenham sido visitadas e o circuito comece novamente. O equador celestial é definido em um ângulo de 23° em relação à eclíptica, o que significa que esses dois grandes círculos se cruzam em apenas dois lugares. Quando o Sol está localizado em um deles, situação conhecida como nó, experimentamos um equinócio: dias e noites de igual período.

À medida que o polo norte entra em precessão, o equador celestial se move e a localização dos equinócios passeia ao redor do zodíaco. O calendário é calculado para levar isso em consideração, o que significa que, embora os equinócios sempre ocorram por volta de 21 de março e 21 de setembro, a constelação pela qual o Sol passa nessas datas se altera gradualmente ao longo de milhares de anos. Os astrólogos contemporâneos deram um significado especial a cada uma dessas travessias, chamando-as de eras astrológicas (ao contrário das grandes eras que mencionamos no capítulo 6, que foram completamente desconsideradas a partir do século XX). Mas os astrólogos discordaram quanto à melhor forma de calcular a duração de uma era astrológica. A maneira mais simples é dizer que o ciclo total de precessão leva quase 26 mil anos e há doze constelações, então uma estimativa básica é dividir uma pela outra, o que significa que cada era astrológica dura cerca de 2.166 anos. De acordo com esse sistema, começando por volta de 2.166 a.C., o equinócio de primavera ocorreu na constelação de Áries. A cada ano desde então, a posição exata avançou um pouco mais até por volta de 1 d.C., quando cruzou para Peixes, onde permanece até hoje. Vai cruzar para Aquário em algum dia por volta do ano de 2166.

É normal que diferentes astrólogos tenham seus próprios métodos para definir os limites das constelações e, assim, avaliar a data da nova era; segundo os cálculos de Leo, ela não estava distante séculos no futuro, mas apenas décadas. Ele alegou que a nova era se iniciaria em 21 de março de 1928 – o que obrigava os indivíduos a se preparar com urgência. A chegada da nova era de iluminação espiritual começou a ser chamada de Era de Aquário.

O renascimento da astrologia no início do século XX chamou a atenção do psicanalista Carl Jung. Talvez devido à afirmação de Leo de que a astrologia era realmente uma ferramenta para a análise da personalidade, talvez em decorrência de um simples fascínio pela ressurreição de teorias populares sobre nossa suposta ligação com o céu noturno. O que quer que tenha sido, o psicanalista considerou estar diante de uma revelação.

Em uma carta datada de 8 de maio de 1911, ele escreveu a Sigmund Freud: "Há coisas estranhas e maravilhosas nestas terras de escuridão. Por favor, não se preocupe com minhas andanças por essas infinitudes. Retornarei carregado de ricas informações sobre nosso conhecimento da psique humana". E foi o que aconteceu. Sua conclusão foi de que o céu noturno é o espelho psicológico perfeito, capaz de refletir nossos pensamentos mais ocultos.

As ideias de Jung são uma extensão das noções de Freud sobre como a mente humana funciona. Freud acreditava que nossos comportamentos são movidos por desejos não satisfeitos ou reprimidos que influenciam nossas mentes inconscientes e afetam a maneira como pensamos. Ele dizia que, ao nascermos, cada um de nós é um quadro em branco; as frustrações e ressentimentos manifestam-se apenas mais tarde em nossas vidas. Jung considerava que isso era simplista demais e acreditava que nossa mente inconsciente nascia já carregada com ideias e conceitos, que ele chamou de arquétipos, o equivalente psicológico de comportamentos instintivos.

Jung começou a desenvolver essas ideias porque percebeu temas recorrentes nos relatos de seus pacientes a respeito de sonhos e fantasias. Ele também ficou impressionado com a recorrência de temas e símbolos em diferentes religiões e mitos. Freud considerava que nossas experiências nos moldavam, mas Jung acreditava que elas apenas modificavam a forma como os arquétipos se manifestam em nossos pensamentos. Procure, dizia, e você sempre perceberá a evidência dos arquétipos básicos em ação.

Em seu livro *Arquétipos e o inconsciente coletivo*, ele listou doze arquétipos principais. Alguns se relacionam conosco, como a Persona, que é a imagem consciente de nós mesmos que apresentamos ao mundo; o Self, que é a soma de quem realmente somos; e a Sombra, que são todos os impulsos negativos que suprimimos. Outros arquétipos são relacionados a outras pessoas, como a mãe, que é uma presença protetora; o sábio, que transmite sabedoria; e o trapaceiro, em quem não podemos confiar. Jung acreditava que havia muitos outros arquétipos além desses exemplos e que, ao criar as constelações zodiacais, os humanos simplesmente projetavam arquétipos nas estrelas, assim como fizeram quando desenvolveram mitos ou religiões. Em seu livro *A natureza da psique*, escreveu: "A abóbada estrelada do céu é, na verdade, o livro aberto da projeção cósmica, no qual estão refletidos [...] os arquétipos". Sua conclusão foi de que, ao estudar astrologia, ele aprendia sobre a estrutura da mente humana por meio dos mitos centrais que ela continha. Ele escreveu: "Astrologia é uma psicologia projetada ingenuamente em que as diferentes atitudes e os diversos temperamentos do homem são representados como deuses e identificados com planetas e constelações zodiacais".[89]

Apesar de Jung ter reunido uma riqueza de evidências para corroborar sua ideia, Freud a odiou de tal maneira que o evento causou um cisma entre eles. Nas décadas seguintes, houve também muitas críticas aos arquétipos de Jung, mas sua ideia básica de que os seres humanos compartilham alguns conceitos-chave e projetam suas esperanças e medos individuais no céu noturno é uma conclusão evidente quando comparada à espiritualidade de Blavatsky e a defesa do voo espacial de Fyodorov.

Embora pareça que a teosofia de Blavatsky e o cosmismo de Fyodorov sejam ideologias implacavelmente opostas, elas podem ser percebidas como quase idênticas se observadas de uma perspectiva junguiana, pois ambas buscam a mesma coisa: o paraíso, ou a chegada de uma nova era. Segundo Jung, a busca pelo paraíso é um dos principais desejos arquetípicos e, nessas manifestações específicas, os dois competidores colocaram o paraíso no céu noturno (como a religião já havia feito). A única diferença entre as novas filosofias é que Fyodorov acreditava que existia apenas matéria, enquanto Blavatsky acreditava em um plano espiritual obscurecido pelo material. E essa diferença fundamental deu origem a visões totalmente diferentes sobre como avançar em direção ao paraíso.

Fyodorov acreditava que a perfeição da humanidade exigia a manipulação da matéria: primeiro por meio da tecnologia e, então, da alteração do corpo por aquilo que hoje chamamos de engenharia genética. Dessa forma, alcançaríamos a imortalidade e nos espalharíamos pelo Universo infinito, colonizando planetas à medida que avançávamos. Blavatsky pensava que os problemas da humanidade eram o resultado de nossa concentração quase exclusiva no mundo físico. Ela afirmava que apenas por meio do desenvolvimento do lado espiritual e "invisível" dos seres humanos compreenderíamos de fato o Universo. Os dois pontos de vista, com sutis variações que surgiram a partir de então, foram adotados por diferentes faixas da população durante a corrida espacial. Eles são um exemplo clássico da ideia de Jung de que as pessoas projetam no céu noturno suas esperanças e medos, que chegaram ao auge durante a polêmica a respeito do envio dos primeiros seres humanos ao espaço, na década de 1960.

Yuri Gagarin era o sonho comunista transformado em realidade. Nasceu na aldeia isolada de Klushino, a duzentos quilômetros de

Moscou, em 9 de março de 1934. Seu pai era carpinteiro, sua mãe era leiteira e, em 12 de abril de 1961, aos 27 anos, ele se tornou o primeiro ser humano no espaço.

Tanto os EUA como a União Soviética haviam iniciado programas de voos espaciais em 1959. Era inevitável que seres humanos fossem enviados ao espaço, porque, depois de tanto tempo apenas olhando para o céu noturno, havia uma oportunidade real de visitá-lo. Mesmo que nem todos pudessem ir, pelo menos poderíamos enviar alguns poucos sortudos, que então transmitiriam suas experiências para nós.

A NASA selecionou sete astronautas para o Projeto Mercúrio e apresentou-os em uma coletiva de imprensa lotada em Washington, DC, em 9 de abril de 1959. A URSS também escolheu cosmonautas, mas de modo mais discreto, investindo mais tempo na seleção, reduzindo uma lista de vinte candidatos para seis, concluindo, enfim, a seleção em 30 de maio de 1960. Gagarin fazia parte do grupo, tendo se juntado aos cadetes aéreos em 1951, quando foi estudar tratores na Escola Técnica Industrial de Saratov. Como cadete, demonstrou tamanho talento para voar que, quando foi convocado pelos militares soviéticos, foi treinado para pilotar o caça a jato MiG-15. Ele se destacou também nessa função. Enquanto isso, a equipe de Korolev estava ocupada com o projeto e o teste da cápsula espacial Vostok, que o manteria vivo no voo espacial.

Nos Estados Unidos, a NASA progredia com a cápsula Mercury. Ao aprenderem com erros anteriores, colocaram von Braun no comando do foguete Mercury-Redstone, que lançaria a cápsula. Em 31 de janeiro de 1961, o alemão lançou um veículo de teste em um voo suborbital que durou dezesseis minutos e trinta e nove segundos. A trajetória permitiria à cápsula alcançar o limiar do espaço e, em seguida, cair naturalmente de volta à Terra. O que tornou o teste relevante foi o fato de carregar um passageiro: o chimpanzé Ham.

O chimpanzé Ham momentos antes do voo de teste no foguete Mercury-Redstone, em 31 de janeiro de 1961.

Antes do voo, Ham fora treinado para apertar botões conforme uma luz piscava. Ao final da missão, a cápsula de Ham caiu no Oceano Atlântico, onde ele foi resgatado pela Marinha americana; estava em excelente estado, exceto pelo nariz machucado. Ele tinha cerca de quatro anos de idade na época do voo e viveu por mais vinte e dois. Os dados registrados da missão mostraram que suas reações à luz piscante sofreram atrasos de apenas uma fração de segundo; portanto, a NASA concluiu que seria possível um ser humano controlar os instrumentos ao voar pelo espaço. O sucesso de Ham abriu caminho para o voo humano. Alan Shepard foi escolhido como astronauta, e os preparativos começaram imediatamente. Foi um período emocionante para todos os envolvidos, mas, antes de chegarem à plataforma de lançamento, Korolev já havia apertado o botão que enviou Gagarin para o espaço, e os Estados Unidos ficaram em segundo lugar novamente.

O lançamento ocorreu em 12 de abril de 1961. Gagarin permaneceu em contato com a Terra via rádio durante todas as fases da jornada, graças a uma série de navios soviéticos posicionados ao redor do globo para receber suas mensagens conforme ele percorria o trajeto. Ao avistar a Terra pela janela pela primeira vez, começou a descrever as pequenas nuvens do tipo *cumulus* e as sombras que lançavam sobre a superfície da Terra. Ele então interrompeu a descrição e simplesmente exclamou: "Lindo! É lindo!". Depois, na Terra, ele diria que a vista de 175 a 300 quilômetros de altura era muito nítida, semelhante à de um voo a jato. Ele viu grandes cadeias de montanhas, amplos rios, enormes áreas de floresta, linhas costeiras e ilhas.[90] Durante o voo, repetiu que se sentia ótimo.

Aos dezoito minutos de voo, o Sol começou a se pôr e Gagarin desligou as luzes mais brilhantes na cápsula para verificar se conseguia enxergar as estrelas. Então, de repente, mergulhou na escuridão tão logo o Sol desapareceu sob o horizonte e as estrelas brilharam. Ele percebeu que pareciam mais cintilantes e mais claras do que quando vistas da superfície da Terra. Aos cinquenta e sete minutos de voo, Gagarin viu a atmosfera do nosso planeta abraçando o horizonte da Terra. Ele disse aos controladores de solo: "Posso ver o horizonte da Terra. Possui uma linda auréola azul. O céu está preto. Vejo as estrelas – a imagem é fantástica".

Cerca de vinte minutos mais tarde, a cápsula de Gagarin completou sua órbita ao redor da Terra e começou a descer pela atmosfera. Conforme o planejado, ele se ejetou e caiu de paraquedas de volta à Terra. Pousou em um campo perto de Saratov, onde havia começado sua carreira no estudo de tratores. Foi abordado por uma mulher e uma criança.

– Não tenham medo, camaradas! – exclamou. – Eu sou amigo.

– Você veio do espaço? – a mulher perguntou.[91]

A NASA enviou seu primeiro homem ao espaço no mês seguinte, quando Alan Shepard finalmente decolou em um curto voo suborbital que durou quinze minutos. Ao final daquele mês, o presidente Kennedy havia conseguido o apoio do Congresso para que o país se comprometesse a enviar um homem à Lua até o final da década. Era uma corrida que seus conselheiros consideravam que os Estados Unidos poderiam vencer, mas, mesmo que não vencessem, pensaram: "É melhor chegar lá em segundo lugar do que não chegar [...] Se não aceitarmos o desafio, pode ser interpretado como falta de vigor nacional e incapacidade de reação".[92]

Em julho daquele ano, o americano Gus Grissom fez um voo semelhante ao de Alan Shepard, mas só em fevereiro do ano seguinte a NASA conseguiu colocar John Glenn no espaço para que percorresse três órbitas ao redor da Terra. A essa altura, Gherman Titov, da União Soviética, completara dezessete órbitas no Vostok 2, em uma missão que durou 23,5 horas. Não havia a menor dúvida de que a Rússia estava vencendo a corrida espacial, e seu sucesso tecnológico era inaceitável para os líderes dos Estados Unidos.

O presidente Kennedy enfrentou outras humilhações internacionais. A Crise dos Mísseis em Cuba e a Guerra do Vietnã fomentavam a agitação social no país. A autoridade tradicional era vista como falha e um movimento de contracultura surgiu, defendendo uma maneira diferente de fazer as coisas. Em um eco do pensamento teosófico, preconizava uma sociedade igualitária e esclarecida, envolvida com o mundo natural de uma forma mais espiritual, não interessada em conquistá-lo com a tecnologia. Assim, apesar de Kennedy, no Rice Stadium, em Houston, Texas, em 12 de setembro de 1962, justificar a ida à Lua como uma demonstração do inalienável desejo humano de explorar, havia um ressentimento cada vez maior em relação ao tempo, o dinheiro e os esforços depositados nesse empreendimento. Em meados da década de 1960, cerca de cinco por cento de todo o orçamento governamental era investido na NASA, e a maior parte ia para o projeto lunar.[93] A maioria da população considerava isso um exagero.

Pesquisas de opinião pública ao longo da década de 1960 revelaram consistentemente que entre 45 e 60 por cento dos americanos acreditava que o programa Apollo não valia o investimento.[94] No entanto, paradoxalmente, apesar dos custos elevados, uma clara maioria apoiava os objetivos gerais da NASA. Isso foi perfeitamente resumido no *Rome News Tribune* de 2 de fevereiro de 1971, que relatou que duzentos manifestantes negros marcharam até o Cabo Canaveral (na época denominado Cabo Kennedy), na Flórida, na manhã do lançamento da Apollo 14. Eles protestavam contra os bilhões de dólares gastos no projeto lunar, enquanto muitos na marcha passavam por graves dificuldades financeiras. Relatórios afirmam que um dos líderes do protesto, Hosea Williams, declarou: "Não protestamos contra as conquistas dos Estados Unidos no espaço sideral, protestamos contra a incapacidade de nosso país de escolher as prioridades humanas". E, ao responder sobre o lançamento, disse: "Achei o lançamento lindo. A imagem mais magnífica que vi em toda a minha vida".

Ao averiguar mais detalhadamente a oposição ao programa espacial, o historiador Matthew Tribbe, da Fullerton College, Califórnia, descobriu que opiniões diferentes sobre o projeto lunar perpassavam todos os grupos demográficos.[95] Não havia um padrão definido de apoio entre jovens e velhos, homens e mulheres, direitistas e esquerdistas, cientistas e artistas. Ser a favor ou contra a exploração espacial era uma característica totalmente nova. Isso mostrava como a exploração espacial era algo genuinamente novo na experiência humana, o que significava que a reação de um indivíduo não poderia ser prevista com base no conhecimento de suas outras preferências. Simplesmente não se encaixava em nenhum padrão histórico e, portanto, não poderia ser julgada por experiências passadas.

Da mesma forma que Jung pensou que projetamos nossas esperanças e medos no céu noturno, o programa espacial tornou-se um para-raios para nossas crenças internas. Aqueles que acreditavam no poder do progresso viam as conquistas da corrida espacial como sinais de um novo e ousado futuro, no qual a tecnologia ajudaria a resolver nossos problemas na Terra. Aqueles que não compartilhavam dessa crença na tecnologia viam a exploração espacial como uma trágica traição às necessidades básicas da humanidade. As viagens espaciais haviam transformado a serenidade do céu noturno em um lugar sujo de rivalidade política, principalmente porque a única maneira de chegar lá era por meio da tecnologia que fora desenvolvida para precipitar a catástrofe nuclear sobre todos nós.

Enquanto isso, histórias envolvendo o espaço começaram a abordar temas mais sombrios. Em muitas delas, a própria exploração espacial era a vilã. No romance *O enigma de Andrômeda*, de Michael Crichton, publicado em 1969, uma sonda espacial retorna à Terra contaminada por um micróbio alienígena letal a qualquer ser humano que entrasse em contato com ele. No clássico filme de zumbis *A noite dos mortos-vivos*, lançado em 1968, os mortos são reanimados pela radiação extraterrestre trazida à Terra por uma sonda espacial que explodiu na atmosfera do planeta.

Embora narrativas de ficção científica envolvendo invasões alienígenas sempre tenham existido, a exemplo de *A guerra dos mundos*, de H. G. Wells, publicada em 1898, essas novas histórias eram diferentes. A ameaça não eram os extraterrestres, mas a arrogância humana, que causava perigo e arriscava destruir a Terra. *Star Trek* foi uma exceção notável. Tendo estreado em 1966, foi um retorno aos filmes otimistas da década de 1950 nos quais Chesley Bonestell havia trabalhado. Apresentava uma visão utópica, na qual seres humanos e alienígenas trabalhavam juntos na exploração do desconhecido – e, em um primeiro momento, fracassou. A série foi cancelada no verão de 1969, após três anos de baixa audiência.[96]

Enquanto a maioria dos que se opunham ao programa Apollo considerava que o dinheiro seria mais bem gasto em outro lugar, alguns expressavam uma espécie de medo existencial de que as viagens para o espaço cortassem nossa conexão com a Terra e nos roubassem de nossa humanidade.

Hannah Arendt foi uma filósofa americana. Em 1958, ela publicou seu livro *A condição humana*, uma discussão sobre como as atividades humanas ao longo da história sempre tiveram repercussões não intencionais. Como muitos outros, ela argumentou que as descobertas telescópicas de Galileu (e de seus contemporâneos) foram um ponto de inflexão na história. Arendt definiu esse momento como aquele em que o acúmulo de conhecimento passou dos filósofos para os cientistas. Não foi uma situação qualquer, argumentou, porque os filósofos coletavam seu conhecimento de atos passivos de contemplação, enquanto os cientistas obtinham tal conhecimento por meio da construção ativa de equipamentos, da realização de experimentos e de análises. Nessa transferência, o pensar deu lugar ao fazer, que se tornou automaticamente associado ao acúmulo de conhecimento e, portanto, ao progresso. Nesse processo, ela argumenta que deixamos de pensar no motivo pelo qual fazemos as coisas.

Arendt sugeriu que, à medida que os cientistas continuavam a fazer experimentos, tornavam possível a realização de coisas que não acontecem naturalmente na Terra. Por exemplo, a divisão do átomo e o subsequente desenvolvimento da bomba de hidrogênio desencadearam em nosso planeta as mesmas reações que alimentavam as estrelas – um processo que anteriormente era possível apenas nas profundezas do espaço, longe de nosso mundo. Ela considerou que, ao trazer esses poderes para a Terra, distanciávamo-nos do que tornava a Terra e a vida terrena especiais. Ela também sentiu que as teorias desenvolvidas no século XX que possibilitaram esses saltos gigantescos (teorias quântica e da relatividade) tornavam o Universo menos compreensível porque descreviam a realidade por meio de uma matemática tão bizarra que não havia possibilidade de realmente compreendermos seu significado. Em vez disso, simplesmente usamos as receitas matemáticas dessas teorias para fazer as coisas acontecerem cegamente, sem pensar se realmente deveríamos fazê-lo.

O Sputnik-1 foi um evento singular para ela, diferente de tudo o que havia acontecido na história, porque a nossa penetração no céu noturno significava que, inevitavelmente, enviaríamos seres humanos até lá. Então, em seu livro, ela propôs que, em vez de uma corrida precipitada até a Lua, deveria haver alguma reflexão e debate a respeito das possíveis repercussões do envio de seres humanos ao espaço. No mínimo, argumentou, tal discussão nos daria a chance de desenvolver uma compreensão de por que desejamos explorar o espaço e de encontrar maneiras de expressar isso em uma linguagem que todos compreendessem.

A cautela de Arendt se devia ao fato de ela acreditar que o espaço forneceria o "ponto arquimediano" definitivo a partir do qual analisaríamos a Terra. O "ponto arquimediano" é um conceito científico que designa a situação em que o observador está de tal forma afastado do objeto de estudo que pode analisá-lo de maneira inteiramente objetiva. Esse ponto de vista quase divino da ação é o que os cientistas mais valorizam, pois permite que compreendam algo com que não estão envolvidos. Mas Arendt temia que, ao avançarmos para o espaço, deixaríamos de ver a Terra como nossa casa. Perderíamos o senso de experimentar a Terra em todo o seu caos e, em vez disso, a interpretaríamos como nada além de uma série de informações frias e relações matemáticas.

Foi contra esse pano de fundo de indiferença e preocupação que os pousos na Lua aconteceram.

A primeira alunissagem aconteceu em 20 de julho de 1969. A missão se chamava Apollo 11 e os astronautas que chegaram à superfície lunar foram Neil Armstrong e Edwin "Buzz" Aldrin. Por aquele breve momento, as objeções do público foram esquecidas quase por completo e o mundo se uniu de uma forma raramente vista ao longo da história. Meio bilhão de pessoas (15 por cento da população mundial) assistiu à cobertura televisiva que mostrou Neil Armstrong se tornando o primeiro homem a pisar na Lua. Até hoje, foi o programa de televisão mais assistido da história dos Estados Unidos, com uma estimativa de audiência doméstica de 125-150 milhões de pessoas.[97]

Na União Soviética, o evento foi minimizado, com escassa cobertura dos jornais. O cosmonauta Alexei Leonov, que realizou a primeira caminhada espacial do mundo em 1965, passando doze minutos fora de sua nave espacial, resumiu seus sentimentos como uma mistura de inveja e admiração. Em seu livro *Two Sides of the Moon* [Os dois lados da Lua], recorda-se de ouvir sobre o lançamento da Apollo 11 e pensar que, se ele não podia ser a primeira pessoa a caminhar na Lua, então esperava que os americanos, que tinham acabado de decolar, fossem bem-sucedidos. Na verdade, a Rússia estava fora da corrida desde 1966, quando o diretor do projeto, Sergei Korolev, morreu inesperadamente durante uma operação de rotina para tratar um problema de estômago. Sem Korolev, o programa espacial soviético perdeu o foco, conforme os possíveis substitutos competiam entre si.

E assim, em uma extraordinária conquista técnica e econômica, os Estados Unidos ganharam o prêmio mais cobiçado da corrida espacial. Após seu retorno à Terra, Armstrong e Aldrin tornaram-se heróis nacionais, celebrados aonde quer que fossem. Mas a conquista também aguçou as críticas, e o ressentimento se transformou em repulsa. A exploração espacial era crescentemente caracterizada como luxo elitista, o luxo do homem branco que personificava a desigualdade que envenenava a sociedade estadunidense. Em vez de olhar para o céu noturno com admiração, muitos nos Estados Unidos passaram a olhar para cima e ver injustiça.

Para preencher o vazio criado pela rejeição de um futuro tecnológico, um número cada vez maior de pessoas redescobria o tipo de espiritualidade que Blavatsky promovera por meio da teosofia. Como resultado, crenças astrológicas e esotéricas começaram proliferar, e a contracultura se transformou no movimento da Nova Era.

O pensamento da Nova Era foi caracterizado pela adoção da ideia esotérica de que o Universo físico era uma ilusão que ocultava a verdadeira realidade espiritual. Isso justificava a oposição ao programa espacial: se o mundo físico era uma ilusão, então a exploração espacial era a maior loucura de todas. Por sua vez, os entusiastas da Nova Era podiam fazer as suas próprias viagens astrais, mediante uso de drogas que alteravam a mente. Isso os prepararia para a revolução espiritual que conduziria à era astrológica de Aquário.

A sociedade como um todo deu as costas à exploração espacial de modo tão inflexível que, apenas um ano após a Apollo 11, a maioria dos americanos se esforçava até para lembrar o nome de Armstrong.[98] Apesar do lançamento de mais seis missões Apollo, a única que chegou perto de gerar algum interesse público foi a Apollo 13, e apenas porque uma explosão na nave espacial quase custou a vida dos astronautas. Os políticos também perderam o interesse. Após alcançar seus objetivos na Guerra Fria, Washington reduziu o orçamento da NASA, o que obrigou a agência a cancelar os três últimos dos dez pousos na Lua que haviam sido planejados. A última missão ocorreu em dezembro de 1972, porém, na época, a sociedade estava completamente alheia a esse tipo de investida. Nossa conexão com o céu noturno e o Universo parecia ter sido cortada de uma vez por todas.

Mas, novamente, em se tratando do céu noturno, as aparências enganam.

11
O VERDADEIRO ENCANTO

Desde o início dos tempos, os seres humanos contemplavam o céu noturno e se perguntavam o que era e por que estava lá. Na busca pelas respostas, sempre procuramos nos conectar de algum modo com os reinos estrelados. Em vários momentos da História, buscamos uma conexão por meio da ação dos deuses ou das influências misteriosas que predizem eventos futuros, ou como forma de moldar nossas personalidades. Com o advento da ciência, parecia que esse pequeno e persistente desejo seria finalmente apaziguado. Porém, em meados do século XX, algo extraordinário aconteceu.

Um pequeno número de cientistas provou que uma conexão fundamental de fato existia entre nós e o céu noturno. O trabalho sugeriu até uma razão para estarmos cercados por um cosmo gigantesco. E, em decorrência disso, foram semeados os grãos de um encantamento moderno em relação ao Universo, um que resistirá enquanto houver pessoas para olhar para as estrelas. Isso porque esse encantamento deriva da ciência verificável, e não de alguma opinião mística. Mas essa não foi a proposta inicial desses cientistas. Na verdade, tudo o que desejavam era saber o que fazia as estrelas brilharem.

Nas primeiras décadas do século XX, físicos descobriram a verdadeira natureza da matéria. O segredo era que tudo era composto de partículas. O físico inglês J. J. Thompson fez a primeira descoberta em 1887, quando descobriu que os chamados raios catódicos, emitidos pelo terminal carregado negativamente de um circuito elétrico, são compostos de partículas subatômicas. Ele chamou essas partículas de elétrons. O físico neozelandês Ernest Rutherford deu o passo seguinte em 1909, quando mostrou que os átomos consistem em um núcleo central rodeado por elétrons. O próprio núcleo era composto de dois tipos diferentes de partículas: prótons e nêutrons.

O número de prótons determina a identidade química do átomo. Por exemplo, o hidrogênio contém um único próton; o oxigênio contém oito. Nessas investigações, tornou-se claro que os núcleos atômicos armazenam energia, que pode ser liberada quando interagem uns com os outros. Essas interações recém-descobertas foram chamadas de reações nucleares e seguiam dois caminhos básicos: fusão e fissão. No primeiro, núcleos mais leves unem-se para formar um núcleo mais pesado; no segundo, um núcleo mais pesado se divide em dois ou mais núcleos mais leves.

Na década de 1920, o astrofísico britânico Arthur Eddington sugeriu que as reações nucleares poderiam alimentar as estrelas, e a astrofísica britânica Cecilia Payne demonstrou em sua tese de doutorado que as estrelas eram compostas principalmente de hidrogênio e gás hélio. Isso significava que esses dois elementos eram, de longe, os produtos químicos mais abundantes do Universo. Juntos, esses trabalhos inspiraram uma sucessão constante de pesquisadores que gradualmente construíram nossa compreensão moderna de como as estrelas geram sua energia.

Hoje, sabemos que o hidrogênio e o hélio compõem cerca de 98 por cento da massa atômica do Universo. Os outros dois por cento são compostos de todos os outros elementos químicos combinados: o silício nas rochas, o nitrogênio no ar, o oxigênio na água, etc.

O hidrogênio e o hélio foram forjados durante a formação do próprio Universo: o momento ao qual os astrônomos se referem como o Big Bang. Naquela época, cerca de 14 bilhões de anos atrás, eram essencialmente os únicos elementos que existiam. Na década de 1950, o astrofísico britânico Fred Hoyle e colaboradores escreveram uma série de artigos que expunham a teoria de como os outros dois por cento dos elementos foram construídos por reações nucleares dentro das estrelas. A ideia básica era de que no centro de cada estrela existe um reator nuclear natural que constrói elementos, do hidrogênio ao ferro. Esses elementos são então lançados no espaço ao final da vida da estrela.

Às vezes, as estrelas emanam os elementos por meio de suaves ventos ao final de suas vidas, à medida que ficam sem combustível de hidrogênio para converter. Esse será o destino do nosso Sol dentro de cerca de 4,5 bilhões de anos. No outro extremo da escala, qualquer estrela cuja massa seja mais do que cinco vezes maior que a do Sol morrerá em uma explosão gigantesca conhecida como supernova. A estrela literalmente se despedaça e, nessa explosão maciça de energia, simultaneamente constrói os elementos químicos mais pesados que o ferro e espalha-os pelo espaço. Essas supernovas foram responsáveis pelas "novas estrelas" que Tycho e Kepler viram, e astrônomos modernos identificaram as nuvens de gás em constante expansão e a poeira produzida por essas estrelas condensadas.

Conforme Hoyle e seus colegas davam esses saltos tremendos, passaram a perceber a inacreditável implicação de seu trabalho: o ferro em nosso sangue, o oxigênio em nossos pulmões, o carbono em nosso DNA, tudo foi construído no coração de estrelas, bilhões de anos atrás. O Universo demorou bilhões de anos para produzir as gerações de estrelas que seriam necessárias para que, por sua vez, se produzissem os elementos necessários para originar planetas como a Terra e vida como a nossa. E, durante o período que levou para fazer isso, o vasto cosmo expandiu-se naquilo que vemos hoje ao nosso redor.

Na biblioteca da St. John's College, em Cambridge, uma carta detalha como Hoyle deu essa importante notícia para sua esposa. Ele revelou em tom casual que o ferro nas panelas da cozinha provinha de estrelas antigas. O jovem astrônomo Carl Sagan foi mais erudito ao escrever, em 1966, que "nossos ossos são feitos de cálcio formado [em uma estrela envelhecida] bilhões de anos atrás".[99] Mas foi a cantora e compositora canadense Joni Mitchell quem expressou essa conclusão científica de maneira mais memorável, na canção "Woodstock", escrita em 1969, cujo refrão diz: "We are stardust..." [Somos poeira estelar].

Com essas conclusões, a ciência forneceu a ligação mais íntima possível entre nós e o Universo ao nosso redor, e esse conhecimento formou uma ponte entre a ciência e o pensamento da Nova Era, ao fornecer uma conexão tangível com o cosmo. E não parou por aí. Embora tenha havido forte discordância sobre o custo dos pousos da Apollo na Lua, também era inegável que as pessoas formaram uma conexão emocional com as imagens das missões. Mas não foram as imagens da superfície lunar que tiveram o maior impacto no público em geral, mas as imagens do nosso próprio planeta – e isso aconteceu por acidente, no ano que antecedeu o famoso pequeno passo de Neil Armstrong.

Menos de um ano antes de os Estados Unidos finalmente vencerem a corrida lunar, os soviéticos tiveram outra grande vitória. Em setembro de 1968, eles lançaram a Zond 5 em uma viagem à Lua. A espaçonave carregava amostras biológicas, incluindo moscas, vermes, plantas, sementes e tartarugas, além de um manequim equipado com sensores de radiação. Foi um sinal claro aos americanos de que os soviéticos pretendiam enviar cosmonautas para, ao menos, orbitar a Lua em um futuro próximo, provavelmente antes do final do ano. Dada a quantidade astronômica de dinheiro que a NASA estava gastando, os americanos não podiam ser ofuscados novamente.

Então, quando problemas técnicos fizeram com que o cronograma de lançamentos da missão Apollo tivesse de ser alterado, funcionários da NASA bolaram um novo plano para enviar três astronautas à órbita lunar antes do Natal. A decisão foi unânime e, em 21 de dezembro de 1968, a Apollo 8 decolou do Cabo Canaveral. Participaram da missão os astronautas Frank Borman, Jim Lovell e William Anders. Com apenas três horas e trinta e seis minutos de voo, foram o mais longe que qualquer humano já fora no espaço e ultrapassaram o recorde de 1.369 quilômetros estabelecido em 1966 por Pete Conrad e Dick Gordon na Gemini 11. À medida que saíam da atmosfera, olharam para a Terra e viram uma imagem que nenhum ser humano vira antes. Todo o Oceano Atlântico era visível, emoldurado por massas de terra: as Américas a oeste, a Europa e a África a leste.

"Temos uma bela vista da Flórida agora", disse Lovell ao controle de missão, "e, ao mesmo tempo, posso ver a África. O oeste da África é lindo. Também posso ver Gibraltar ao mesmo tempo que olho para a Flórida."[100]

O controle de missão solicitou que o astronauta tirasse uma foto e prosseguisse com a tarefa de configurar um sistema de verificação de comunicações. Porém, enquanto isso acontecia, o controle de missão não resistiu a perguntar o que ele via naquele momento. "Vejo toda a Terra bem no centro da nossa janela. Posso ver a Flórida,

Cuba, a América Central, todo a metade norte da América Central, na verdade, até a Argentina e o Chile", disse Lovell.

Em algum momento dos dez minutos seguintes, a tripulação capturou a primeira imagem da Terra fotografada por um ser humano. A imagem foi revelada nos laboratórios fotográficos da NASA após a missão retornar, e o resultado foi impressionante: o hemisfério sul estava no topo da imagem, com a América do Sul completamente visível; nuvens cobriam grande parte do globo, mas a Flórida, de onde os astronautas partiram, estava ensolarada e aparecia por trás de uma camada espessa de nuvens. O azul do Oceano Atlântico dominava a metade inferior do globo, com o litoral da África Ocidental apenas visível à esquerda da imagem, onde a noite se arrastava pelo continente, o que deu à Terra uma fase crescente gibosa.[101]

Mas, por mais linda que fosse, não era a imagem mais marcante da Terra que a tripulação capturara na missão.

Na véspera de Natal de 1968, o módulo de comando da Apollo 8 estava em sua quarta órbita da Lua. Anders fotografava a superfície lunar para que locais de pouso em potencial pudessem ser identificados para missões subsequentes. Era tudo rotineiro, quando, de repente, ele exclamou: "Meu Deus, olhe para essa imagem".

A Terra erguia-se sobre o horizonte da Lua. Anders apanhou sua câmera e registrou a cena, produzindo a imagem icônica chamada Nascer da Terra. Apesar de ser o lar de cerca de 3,5 bilhões de pessoas na época, qualquer um dos astronautas poderia eclipsar seu planeta natal simplesmente ao erguer a mão.

Em 2018, ao recordar esse momento, Anders escreveu: "Pensei na minha esposa e nos meus cinco filhos naquele pequeno planeta. As mesmas forças que determinavam seus destinos atuavam sobre os outros três bilhões e meio de habitantes. Da nossa minúscula cápsula, parecia que a Terra inteira era ainda menor do que o espaço que nós três habitávamos".[102]

Mais tarde naquele dia, os astronautas fizeram uma transmissão ao vivo para a Terra. Estima-se que o público foi de cerca de meio bilhão de pessoas, e os astronautas mostraram ao mundo o que haviam testemunhado. Eles apontaram a câmera preta e branca para fora da janela e transmitiram imagens de uma Terra parcialmente iluminada que pairava sobre o panorama lunar. Enquanto o público contemplava essa imagem extraordinária, Lovell disse: "A vasta solidão é espantosa e nos faz valorizar o que temos na Terra".

Pouco depois, os astronautas leram uma passagem bíblica.[103] Eles haviam sido instruídos durante o planejamento do voo a dizer algumas palavras. Mas que palavras são apropriadas quando um engenheiro, não um poeta, se dirige a seus conterrâneos (e muitos outros) de um ponto de vista que ninguém jamais havia experienciado? Os astronautas não chegaram a uma decisão em comum, então incluíram suas esposas no debate. Como esse recurso não gerou resultados, convocaram os amigos. Finalmente, um deles sugeriu: leiam a Bíblia. Então, leram os dez primeiros versos do livro de Gênesis. Mas foi a imagem da Terra, não a mensagem religiosa, que realmente tocou os espectadores.

Uma das pessoas que assistiam ao evento da Terra era o poeta americano Archibald MacLeish. Ele reconheceu a importância daquela visão imediatamente e escreveu uma análise presciente para o *New York Times*, que foi publicada poucas horas depois, no dia de Natal.

Intitulada "Cavaleiros na Terra unidos, irmãos no eterno frio", a matéria descreveu como a concepção humana de si mesma sempre dependeu de sua noção da Terra, e implicitamente declara no texto que nossa noção da Terra sempre foi determinada pelo nosso relacionamento com o céu noturno.[104] MacLeish ilustra a correlação ao dizer que a Terra já foi o centro do Universo, com o céu acima e o inferno abaixo; Deus estava no céu e os humanos eram sua única preocupação. Então veio a revolução científica e o destronamento de Deus como o arquiteto divino da Criação. Nessa visão ateísta da natureza, humanos habitavam por acidente um Universo físico que não fora projetado para eles, tampouco criado para garantir sua eterna sobrevivência. MacLeish chamou a humanidade de "as vítimas indefesas de uma farsa sem sentido". E trazer o poder das estrelas para a Terra na forma de bombas de hidrogênio colocava a raça humana "além do alcance da razão [...] perdida no absurdo e na guerra".

Com a circum-navegação da Lua e a nova imagem da Terra que essa experiência nos proporcionou, MacLeish esperava que tivéssemos atingido outro divisor de águas: ver a Terra engolida pela vasta escuridão do céu noturno talvez nos fizesse reavaliar o que significa ser humano. Após termos deixado de nos ver como a raça escolhida de Deus para nos vermos como as vítimas de um desenvolvimento tecnológico sem sentido, ele pensava que havíamos adquirido essa tecnologia para realmente perceber o nosso lugar no Universo. E, com essa nova visão, MacLeish esperava que "o homem pudesse finalmente se tornar ele mesmo". Enfim, poderíamos perceber que o futuro estava em nossas mãos, que criamos nosso destino de acordo com as escolhas que fazemos.

Ele também esperava que essa nova percepção uniria a raça humana de uma forma que havia se perdido. Ele escreveu: "Ver a Terra como ela realmente é, pequena e azul e linda naquele silêncio eterno onde flutua, é nos vermos como cavaleiros na Terra, unidos, irmãos na brilhante beleza do frio eterno – irmãos que agora sabem que são realmente irmãos".

A imagem colorida do Nascer da Terra inspirou admiração não apenas nos Estados Unidos mas no mundo inteiro. Seu poder residia no fato de oferecer uma imagem de nós mesmos que nunca tínhamos visto. Ao longo de toda a história, olhamos para a escuridão e vimos corpos celestes emoldurados pelas trevas do céu noturno, mas nunca vimos a Terra dessa forma. Esse ponto de vista foi a confirmação visceral de que éramos parte do Universo – porém, de alguma forma, estávamos separados dele. Sabíamos disso intelectualmente, mas ver isso com nossos próprios olhos transformou esse conhecimento em uma experiência emocional; e, para a maioria das pessoas, essa era a diferença necessária para confirmar o senso de conexão com o planeta e com o cosmo. Era o exato oposto do que Hannah Arendt temia que pudesse acontecer quando os seres humanos olhassem para a Terra. Felizmente, em vez de nos separarmos de nossa humanidade, ela foi reforçada.

Em 1983, o autor Don DeLillo resumiu os mesmos sentimentos em seu conto "Human Moments in World War III" [Momentos humanos na Terceira Guerra Mundial]. Bem no início da história, um astronauta olha para a Terra e DeLillo escreve que "a vista é infinitamente amparadora. É como a resposta para uma vida inteira de perguntas e desejos vagos". E a importância da imagem do Nascer da Terra só aumentou com o tempo. Em 2003, os editores da revista *Life* publicaram as *100 fotografias que mudaram o mundo*. A imagem que escolheram para a capa foi o Nascer da Terra. Na sessão de comentários, o fotógrafo americano de natureza selvagem Galen Rowell descreveu-a como "a fotografia ambiental mais influente já tirada". Simbolizava com perfeição o movimento verde que nascia no Ocidente. Uma Terra, uma humanidade, um lar.

Anders a resumiu perfeitamente em 2018, no aniversário de 50 anos da imagem. Ele escreveu: "Nós partimos para explorar a Lua e, em vez disso, descobrimos a Terra".[105]

A missão Apollo 17 foi a nossa última viagem à Lua, mas foi a foto da Terra que os astronautas tiraram após pouco mais de cinco horas de voo que causou impacto.[106] Tirada a uma distância de cerca de 45 mil quilômetros, capturou todo o globo iluminado.[107] A África está bem no centro da imagem, com o deserto dourado do Saara claramente visível. Como era dezembro, era verão no hemisfério sul, e a calota polar totalmente iluminada da Antártida domina a imagem. Há nuvens brancas ondulantes por todo o globo e, no canto superior direito da imagem, está o Ciclone de Tamil Nadu, que matou oitenta pessoas. A imagem encapsulava perfeitamente a beleza do planeta e a fragilidade da vida na Terra.

A imagem foi divulgada para a mídia em um sábado, 23 de dezembro de 1972. Novamente, causou uma sensação imediata e figurou na primeira página de quase todos os jornais do planeta. Agora conhecida como foto Blue Marble [bolinha de gude azul], é seguramente o legado mais importante da Apollo 17. Foi liberada para domínio público e se tornou uma das imagens mais reproduzidas – talvez a mais reproduzida – de todos os tempos, e também um símbolo do movimento ambientalista.

Quando os astronautas voltavam à Terra, outro resultado totalmente inesperado do programa espacial começava a se manifestar sempre que tentavam colocar suas experiências em palavras. Em seu treinamento, aprenderam exatamente como sua nave espacial voava, como as trajetórias funcionavam e tudo o que estava programado para acontecer durante a missão, mas nada os havia preparado para os efeitos emocionais que estar no espaço produziria. Ao reportarem suas experiências, era claro que todos se sentiram mudados de maneira extremamente profunda.

Gene Cernan, que caminhou na Lua durante a missão Apollo 17, disse à revista *The Atlantic*: "Você precisa literalmente se beliscar e se perguntar, em silêncio: Você faz ideia de onde está neste ponto do tempo e do espaço, e na realidade e na existência, quando pode olhar pela janela e ver a estrela mais bonita do céu – a mais bonita porque é aquela que entendemos e conhecemos; é a nossa casa, as pessoas, família, amor, vida –, fora isso, é linda por si. Você pode vê-la de polo a polo e os oceanos e continentes, e você pode vê-la girar, e não há cordas que a mantenham suspensa, e ela se move em uma escuridão quase além da compreensão".[108]

Muitos astronautas falaram sobre sentir uma profunda conexão com o cosmo e perceber a unidade de toda a vida na Terra – pontos de vista que não teriam soado estranhos se tivessem sido expressados por algum guru da Nova Era buscando desenvolver uma "consciência superior".

Em um nível mais humano, Russell "Rusty" Schweickart voou em órbita ao redor da Terra como parte da missão Apollo 9. Sua esposa brinca que ele foi ao espaço apaixonado por ela, mas voltou apaixonado pelo planeta Terra. Sua epifania aconteceu durante um passeio espacial. Como geralmente acontece em voos espaciais, as atividades foram programadas com extrema precisão, mas quando uma câmera quebrou, em vez de trabalhar de acordo com o fluxo constante de instruções do controle de missão, Schweickart percebeu-se pairando sobre a Terra com tempo para refletir. A indagação que invadiu sua mente foi como um garoto de Nova Jersey poderia ter chegado onde estava – não exatamente o fato de estar em órbita, mas o de tornar-se uma espécie de emissário sensorial da raça humana. "Eu meio que me declarei um elemento sensorial [...] como um globo ocular em um conjunto de orelhas e olhos na ponta de um dedo [...] enquanto a humanidade começa a sair do útero [...] da Mãe Terra".[109]

Os primeiros indícios da mudança psicológica que a viagem espacial é capaz de causar podem ser vistos na forma como os primeiros astronautas descreveram o que viram enquanto estavam em órbita. John Glenn foi o primeiro americano a orbitar a Terra. Pelo resto de sua vida, sempre que perguntavam como ele se sentia com o fato de ser o primeiro americano em órbita, suas respostas frequentemente evitavam sentimentos patrióticos. Em vez disso, ele falava da grande beleza do nosso planeta. Em particular, recordava o nascer do Sol, que ocorria a cada noventa minutos, aproximadamente, conforme ele orbitava a Terra. Em 1997, ele contou à *American History Magazine* que, quando você está na Terra, o nascer do Sol é dourado e laranja, mas, do espaço, todas as cores do arco-íris participam da experiência, que é de tirar o fôlego, devido aos efeitos ópticos na atmosfera da Terra.[110]

Para os astronautas que passaram dias no espaço, principalmente aqueles que foram à Lua, os sentimentos foram amplificados. Edgar Mitchell, que caminhou na Lua como parte da missão Apollo 14, tornou-se bastante consciente da sua mudança de perspectiva. Após vários anos de reflexão, ele disse à revista *People*, em 1974: "Você desenvolve uma consciência global imediata, uma orientação para as pessoas, uma intensa insatisfação com a situação mundial e uma necessidade de fazer algo a respeito. Lá fora, na Lua, a política internacional se torna mesquinha. Você sente vontade de agarrar um político pela nuca, arrastá-lo por um quarto de milhão de milhas e dizer: 'Olha aquilo ali, canalha'".

Ele também descobriu que fatos científicos anteriormente conhecidos ganharam novos significados de uma hora para outra. Ele podia ver dez vezes mais estrelas a partir da órbita do que da Terra, e isso o fez pensar sobre a recente revelação científica de que a maioria dos átomos em seu corpo e em sua cápsula espacial foram construídos no coração de estrelas gigantes, bilhões de anos atrás. Ele foi acometido por um sentimento de conexão com aquelas estrelas. "Percebi que as moléculas do meu corpo e da nave espacial e de meus companheiros tiveram seus protótipos elaborados em uma antiga geração de estrelas. E, de repente, de alguma forma, tudo ficou muito pessoal, em vez de um objetivo: 'Ah, sim. Moléculas e átomos foram feitos nessas estrelas'. Não, as *minhas* moléculas foram feitas nessas estrelas, e isso é incrível".[111]

Quando ele voltou para a Terra, começou a procurar uma explicação para seus sentimentos, ou pelo menos uma descrição semelhante, para descobrir se outra pessoa já havia experimentado esse extraordinário estado de espírito, mas não encontrou nada nos meios científicos com os quais estava familiarizado nem nos textos religiosos que examinou. Então, ele descobriu um antigo documento chamado *Yoga Sūtras de Patañjali*. Era uma coletânea da sabedoria e da prática da ioga. Parte do documento era uma descrição do estado meditativo de *savikalpasamadhi*, no qual o indivíduo se concentra tão plenamente em um objeto que seu estado de consciência se transforma em uma unidade de pura alegria com aquilo que o cerca. E, nessa descrição, Mitchell reconheceu o que havia acontecido com ele. A parte mais extraordinária era que os *Yoga Sūtras* foram escritos mais de 1.500 anos antes de Mitchell voar para o espaço.

Todos os que voltaram daquelas primeiras missões foram transformados de uma maneira que não poderia ser desfeita ao término da experiência. Ver a Terra de cima evidenciou o fato de que nosso mundo é uma entidade única e bela, e que seu povo é um todo unificado (ainda que habitando uma série de nações divididas). Mitchell resumiu isso em uma única fala: "Fomos à Lua como técnicos. Voltamos como humanitários".[112]

O astronauta Michael Collins, da Apollo 11, que pilotou o módulo de comando lunar enquanto Armstrong e Aldrin caminhavam na Lua, achou a experiência tão positiva que disse: "A pena é que, até agora, a visão [da Terra do espaço] tem sido propriedade exclusiva de um punhado de pilotos de teste, em vez dos líderes mundiais, que precisam dessa perspectiva, ou dos poetas capazes de comunicar isso a eles".[113]

Embora as missões à Lua tenham chegado ao fim, Estados Unidos e Rússia continuaram a enviar pessoas para o espaço e, quanto mais elas viam o nosso planeta do alto, mais se acumulavam evidências de que essa experiência produzia uma mudança cognitiva real. Em 1987, ao utilizar o testemunho de vinte e cinco astronautas, o autor Frank White publicou um livro sobre o assunto e, no título, cunhou o termo *The Overview Effect* [O efeito visão geral]. Ele descreveu os traços comuns desse efeito como uma sensação de admiração pela beleza e fragilidade do planeta, que leva a uma compreensão da interconectividade de toda a vida e a um renovado sentido de responsabilidade pelo meio ambiente.

Em 2006, a psiquiatra americana Eva Ihle enviou um questionário anônimo a 175 astronautas e cosmonautas perguntando sobre sua experiência de visitar o espaço. Dos trinta e nove que responderam, todos relataram que estar no espaço foi uma experiência significativa, que os levou a fazer mudanças positivas e duradouras em sua atitude e comportamento. A mais forte dessas reações tinha, invariavelmente, relação com a beleza e a fragilidade da Terra. Curiosamente, Ihle descobriu que a resposta não variava por grupo demográfico, nem pelo número de missões realizadas, nem pelo tempo total no espaço.[114] Em outras palavras, uma vez que você tenha visto a Terra desse ponto de vista divino, sua vida muda para sempre.

Nos últimos anos, vários estudos descobriram que o sentimento de admiração – claramente presente no efeito visão geral – pode ter uma consequência transformadora em nossas vidas. Faz as pessoas se sentirem mais altruístas, menos estressadas, menos pressionadas pelo tempo e menos materialistas.[115] É como se a admiração diminuísse o sentimento de autoimportância das pessoas e as deixasse mais dispostas a se comportar de forma benéfica para o coletivo. O efeito visão geral experimentado pelos astronautas é simplesmente um exemplo extremo disso – e, como os *Yoga Sūtras* provaram, não é a única maneira de alcançá-lo.

Assistir a um fenômeno natural, como um pôr do Sol; contemplar uma paisagem grandiosa; meditar; estudar uma importante obra de arte ou assistir a uma apresentação musical: tudo isso pode gerar o sentimento de admiração. Também é possível alcançá-lo por meio da compreensão de algo a partir de um novo ponto de vista, como pela explicação científica de um fenômeno misterioso. Conforme dito no início do livro, a maneira mais simples de sentir admiração é ficar parado sob o céu noturno e contemplar as estrelas. Porém, esta é a era em que a poluição luminosa da vida urbana eliminou grande parte das estrelas de nossa vista e, por causa disso, para muitas pessoas a maneira mais fácil de sentir a admiração e a conexão com o cosmo que nossos ancestrais tinham naturalmente foi completamente extinta. Mas será mesmo?

A verdade é que o Universo está ao nosso alcance como nunca antes. Pela primeira vez na história, não é necessário estar sob o céu noturno para se sentir conectado ao cosmo. O programa espacial enviou robôs para todos os cantos do sistema solar. Telescópios espaciais inspecionam as profundezas do espaço, mais longe do que em qualquer momento da história, e em vez de as imagens serem armazenadas em universidades, estão disponíveis na internet. Hoje, praticamente qualquer pessoa pode olhar pelos olhos de um robô enquanto ele percorre os desertos de Marte ou testemunhar tempestades solares extraordinárias que explodem com a energia de um bilhão de bombas atômicas. Podemos ver galáxias distantes em rota de colisão umas com as outras ou espreitar berçários estelares onde as estrelas nascem. Desde 2019, podemos ver até a silhueta de buracos negros gigantes que se escondem no centro de galáxias próximas.

Toda essa maravilha está a um clique de distância. É a máxima experiência de *reality show* sob encomenda e promove uma relação com o céu noturno que é única na história. Hoje, vemos o Universo em cores, de perto e tangível, de uma forma que nunca experimentamos antes; e, por causa disso, o céu noturno está mais perto de nós do que jamais esteve. Imagens precisas do espaço e dos planetas podem ser vistas na televisão e em filmes, tanto em documentários quanto em séries televisivas. A primeira coisa que vemos no filme histórico de George Lucas de 1977, *Star Wars*, pouco antes de a espaçonave surgir trovejando no topo da tela, é a bela atmosfera azul que abraça o planeta fictício Tatooine – similar à descrição de Yuri Gagarin de seu voo espacial.

Na vanguarda dessa nova perspectiva cósmica está o telescópio espacial Hubble. Desde o seu lançamento, em 1990, o equipamento fornece um fluxo constante de imagens notáveis, responsáveis por nos reconectar com o Universo. Elas nos mostraram os confins do espaço, estrelas explodindo, galáxias canibais, colisões entre um cometa e um planeta – a lista de maravilhas é interminável. Mesmo que você não compreenda a física do que está olhando, as imagens são maravilhas estéticas e, por representarem algo muito maior do que nós, são capazes de gerar admiração. Aos poucos, essas e outras imagens produzidas pela miríade de sondas no espaço nos reconectam com o Universo.

Meu primeiro vislumbre dessa nova conexão ocorreu quando a nave Curiosity da NASA pousou em Marte, em 6 de agosto de 2012. Acordei cedo para acompanhar o evento pela internet e fiquei impressionado com o número de pessoas que comentavam o assunto nas mídias sociais. Também fiquei impressionado com a multidão que se reuniu na Times Square, em Nova York, para assistir à transmissão ao vivo do evento. Mas talvez o mais interessante de tudo é que não havia câmeras no módulo de descida. Observamos os rostos e as reações da missão de controle da NASA e experimentamos indiretamente sua conexão com a nave espacial, com o Universo.

Acredito que estamos experimentando um retorno ao encanto com o céu noturno que não se baseia em associações místicas ou no ocultismo. Esse verdadeiro encanto vem da ciência do céu noturno, combinada com as imagens que a tecnologia nos proporciona. A combinação das belas imagens e os fatos incríveis geram admiração tanto em relação ao próprio Universo quanto com a conquista humana de desvendar tais segredos.

Ao alcançar o céu noturno, podemos, enfim, olhar para a Terra e nos impressionar com sua beleza. Invertemos o modo tradicional de pensar. O espaço não é mais o motivo de maravilha: é o frágil equilíbrio da Terra. Esse é o verdadeiro legado da corrida espacial – não a invenção do Teflon ou de outras supostas vantagens tecnológicas, mas a percepção de que nosso planeta natal não é tão grande quanto pensamos.

A verdade mais ampla é que o céu noturno agora exerce uma influência maior sobre nós do que em qualquer outro momento da história. Estamos mais conectados ao cosmo do que nunca, mas sem perceber, pois o normalizamos. Hoje usamos satélites para comunicações, para previsão do tempo, para navegação. Existem até protótipos de relógios que capturam os sinais de rádio de estrelas que giram rapidamente para dizer a hora com mais precisão do que a maioria dos relógios na Terra.[116] Usamos o espaço hoje pelos mesmos motivos que os antigos caçadores-coletores. Concluímos um círculo completo – apenas fazemos isso de forma mais confiável hoje por causa da tecnologia.

E, apesar da preponderância da vida nas cidades, as pessoas passaram a procurar o céu noturno. Tem sido amplamente divulgado que a indústria de viagens viu um aumento no chamado "astroturismo" em 2017.[117] São viagens para ver eclipses, auroras boreais ou simplesmente para experimentar a sensação de se estar sob um céu noturno muito escuro. E, à medida que as empresas desenvolvem e vendem turismo espacial, o número de pessoas que experimentam o efeito visão geral ao avistar nosso planeta do espaço sem dúvida aumentará. Ao que tudo indica, cada vez mais pessoas estão destinadas a sentir o que Fred Hoyle, o astrônomo que descobriu que somos feitos de poeira estelar, sabia intelectualmente ao dizer: "O espaço não é nada remoto. Seria apenas uma hora de viagem se o seu carro pudesse ir direto para cima".[118]

Experimentei uma epifania verdadeira em 2005 quando visitei o Very Large Telescope [Telescópios realmente grandes] (VLT) – nome bastante apropriado –, no European Southern Observatory, no topo do Cerro Paranal, Chile.

Eu estava com os outros astrônomos no alto da montanha ao anoitecer. Cercado pela terra vermelha do Deserto do Atacama e diminuído pelas instalações de metal brilhantes que abrigam os quatro telescópios gigantes do VLT, ficamos de costas para o Sol e observamos a cor se esvair do céu. Esperávamos o Sol tocar o horizonte porque, nos poucos minutos que demoraria para desaparecer completamente, veríamos a silhueta da Terra alcançar o céu e, naquela escuridão crescente, procuraríamos por nós mesmos.

Quando o espetáculo começou, as pessoas ao meu redor se mexeram. Primeiro vimos o contorno escuro da montanha erguer-se, projetado contra o céu. Em seguida, vimos as instalações do telescópio aparecerem como blocos quadrados no topo da montanha. Depois veio o verdadeiro teste. Se o ar estivesse suficientemente parado, pouco antes de a luz do sol desaparecer completamente, veríamos nossas próprias silhuetas aparecendo no céu noturno. Quanto mais calmo estivesse o ar, mais fácil seria ver nossas silhuetas e melhor seria a visão do Universo naquela noite.

Meu coração disparou. Pensei realmente ter visto pequenas coisas que se assemelhavam a formas humanas. Será que tive sorte? Olhei para meu amigo, que sorriu.

"Vai ser uma bela noite", ele disse.

Olhei diretamente para o céu, mas a imagem já tinha desaparecido, tendo sido substituída pelas estrelas, uma após a outra. Elas não demoraram a preencher o céu, de uma forma que seria impossível para moradores da cidade acreditarem. Havia tantas que rapidamente enterraram as constelações que conhecíamos – as sinalizações que uso para encontrar meu caminho pelo céu noturno. A sensação de me ver perdido em algo que eu pensava conhecer tão bem foi vertiginosa. E foi então que tive uma sensação avassaladora que evoluiu para uma espécie de euforia.

À minha volta, os telescópios começaram a funcionar. Guiados por computadores, as engrenagens giraram quase silenciosamente e os instrumentos se moveram e apontaram para seus primeiros alvos da noite. Com a terra do deserto sob meus pés e as estrelas sobre a minha cabeça, com o ar frio no meu rosto e o fogo da imaginação na minha mente, eu ainda estava sob o manto da noite, conectado ao cosmo. Naquele momento, meu desejo de conhecer os segredos do céu noturno ardeu com mais intensidade do que nunca. Experimentei uma sensação de profunda calma que acompanhava minha euforia, um sentimento definitivo de privilégio por ter testemunhado um momento de extrema beleza natural, e me senti parte de um Universo maior.

Por aquele breve momento, eu não era um ser vivo autônomo, viajando pelo mundo externo; eu era um com o todo. Essa visão deslumbrante do cosmo me estimulou de uma forma tão profunda que me obrigou a confrontar o fato de que não sou nada mais do que uma parte minúscula de algo muito maior. Embora eu dependa da ciência e de seus métodos para me conectar com o Universo e para satisfazer o desejo de entender o mistério principal de por que tudo existe, hoje não tenho absolutamente nenhuma dúvida do porquê de as pessoas que nasceram antigamente, ou com diferentes valores culturais, terem automaticamente imaginado que algum tipo de projeto mágico deve estar por trás desse fenômeno. E, se esse projeto existir, há propósito e significado.

É provável que tenham sido sentimentos inevitáveis como esses que levaram os enaltecedores caçadores-coletores a estabelecer suas sociedades secretas para investigar esse aspecto misterioso do céu noturno. E nesses agrupamentos e em seus rituais vislumbramos o início da religião. É nos mitos da criação surgidos nos séculos anteriores que vemos as primeiras tentativas de desenvolver aquilo que viria a se tornar a filosofia, a astrologia e a ciência.

E, com esses pensamentos, aquele momento extraordinário no Chile depositou em mim não apenas um profundo sentimento de conexão com o cosmo mas também uma profunda empatia. Porque, desde que existam seres humanos neste Universo, sei que eles contemplarão o céu noturno e sentirão a mesma coisa que senti naquele momento; o mesmo que nossos ancestrais sentiram.

Nossa conexão com o céu noturno é inevitável, instintiva; é o que significa ser humano.

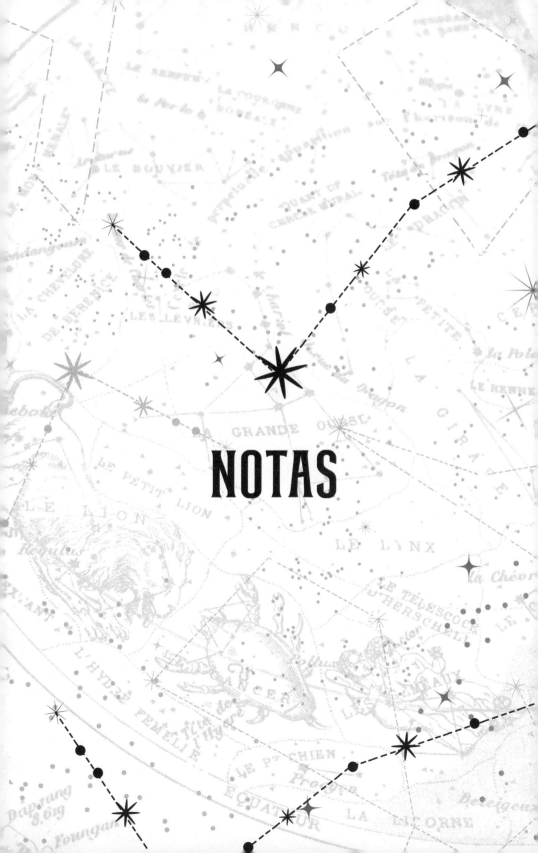

NOTAS

1. A. Marshack, *The Roots of Civilization: the Cognitive Beginning of Man's First Art, Symbol and Notation* [As raízes da civilização: o início cognitivo da primeira arte, símbolo e notação do ser humano]. Nova York: McGraw-Hill, 1972.

2. Essa tradução vem como cortesia de Carl Sagan em *Cosmos*, 1980.

3. P. A. Mellars, K. Boyle, O. Bar-Yosef & C. Stringer (ed.), *Rethinking the Human Revolution: new behavioural and biological perspectives on the origin and dispersal of modern humans* [Repensando a revolução humana: novas perspectivas comportamentais e biológicas sobre a origem e dispersão dos seres humanos modernos]. Cambridge: Instituto McDonald para Pesquisa Arqueológica, 2007.

4. No *best seller Sapiens*, Yuval Noah Harari se refere a esse evento como revolução cognitiva.

5. O osso de Ishango está em exibição no Royal Belgian Institute of Natural Sciences, em Bruxelas.

6. Jean de Heinzelin, Ishango, *Scientific American*, 1962, 206:6, pp. 105-16.

7. Richard L. Currier, *Unbound: How Eight Technologies Made Us Human, Transformed Society, and Brought our World to the Brink*, Arcade, 2015.

8. How many uncontacted tribes are left in the world? *NewScientist*. Disponível em: <www.newscientist.com/article/dn24090-how-many-uncontacted-tribes-are-left-in-the-world/>. Acesso em: 25 ago. 2021.

9. Thomas Forsyth McIlwraith, *The Bella Coola Indians*, vv. 1 e 2, University of Toronto Press, 1948.

10. B. Hayden e S. Villeneuve, Astronomy in the Upper Paleolithic? [Astronomia no Paleolítico Superior?], *Cambridge Archeological Journal*, 2011, 21 (3), pp. 331-55. doi:10.1017/S0959774311000400.

11. Saiba mais em: <www.archeociel.com/index.html>. Acesso em: 25 ago. 2021.

12. Hayden e Villeneuve, Astronomy in the Upper Paleolithic? [Astronomia no Paleolítico Superior?].

13. J. McK Malville *et al.*, Astronomy of Nabta Playa [Astronomia de Nabta Playa], *African Sky*, 2007, v. 11, pp. 2-7.

14. Fred Wendorf e Romuald Schild, Late Neolithic megalithic structures at Nabta Playa (Sahara), southwestern Egypt [Estruturas megalíticas no final do Neolítico em Nabta Playa (Saara), sudoeste do Egito], *Comparative Archeology Web*, 26 nov. 2000.

15. Amanda Chadburn, Stonehenge World Heritage Site, United Kingdom [Local de Herança Mundial Stonehenge, Reino Unido], *ICOMOS-IAU Thematic Study on Astronomical Heritage* [Estudos Temáticos em Herança Astronômica], pp. 36-40.

16. Gerald Hawkins, Stonehenge Decoded [Stonehenge decodificado], *Nature*, 1963, 200, pp. 306-8.

17. Gerald Hawkins, *Stonehenge Decoded* [Stonehenge decodificado], Doubleday, 1965.

18. Jacquetta Hawkes, God in the Machine [Deus na máquina], *Antiquity*, 1967, vol. 11 (163), pp. 174-80.

19. Mike Parker Pearson, Researching Stonehenge: Theories Past and Present [Estudando Stonehenge: teorias do passado e do presente], *Archaeology International*, 2013, v. 16, pp. 72-83.

20. The Kesh Temple Hymn: 4,600-Year-Old Sumerian Hymn Praises Enlil, Ruler of Gods, *Ancient Origins*. Disponível em: <www.ancient-origins.net/artifacts-ancient-writings/kesh-temple-hymn-5600-year-old-sumerian-hymn-praises-enlil-ruler-gods-021152>. Acesso em: 25 ago. 2021.

21. Ancient Egyptian chronology and the astronomical orientation of pyramids. *Nature*. Disponível em: <www.nature.com/articles/35042510>. Acesso em: 25 ago. 2021.

22. As balanças de Maat continuam a ser o símbolo da justiça até hoje e costumam ser representadas na mão de uma mulher.

23. Ara Norenzayan, *Big Gods: How Religion Transformed Cooperation and Conflict* [Grandes deuses: como a religião transformou cooperação e conflito], Princeton University Press, 2013.

24. Vere Gordon Childe, *Man Makes Himself* [O homem cria a si mesmo], Watts, 1936.

25. Giulio Magli, *Sirius and the project of the megalithic enclosures at Gobekli Tepe*. Disponível em: <https://arxiv.org/pdf/1307.8397.pdf>. Acesso em: 25 ago. 2021.

26. Andrew Curry, Göbekli Tepe: The World's First Temple? [Göbekli Tepe: o primeiro templo do mundo?], *Smithsonian Magazine*, nov. 2008.

27. Jean-Pierre Bocquet-Appel, When the World's Population Took Off: The Springboard of the Neolithic Demographic Transition [Quando a população mundial ascendeu: o trampolim da transição demográfica neolítica], *Science*, v. 333, 29 jul. 2011. Disponível em: <https://science.sciencemag.org/content/333/6042/560>. Acesso em: 25 ago. 2021.

28. Norman Lockyer, *The Dawn of Astronomy* [A aurora da Astronomia], Cassell and Company, 1894.

29. Jay B. Holberg, *Sirius: Brightest Diamond in the Night Sky* [Sirius: o diamante mais reluzente do céu noturno], Springer Praxis Books, 2007.

30. A 13th-century limestone sundial is one of the earliest timekeeping devices discovered in Egypt, *Archaeology*. Disponível em: <www.archaeology.org/issues/99-1307/artifact/935-egypt-limestone-sundial-valley-kings>. Acesso em: 25 ago. 2021.

31. W. Dodd, Exploring the Astronomy of Ancient Egypt with Simulations II: Sirius and the Decans [Explorando a astronomia do Egito Antigo com simulações II: Sirius e os decanatos], *Journal of the Royal Astronomical Society of Canada*, v. 99, n. 2, p. 65.

32. O. Neugebauer, The Egyptian 'decans' [Os "decanatos" egípcios], *Vistas in Astronomy*, v. 1, 1955, pp. 47-51.

33. Alessandro Berio, The Celestial River: Identifying the Ancient Egyptian Constellations [O rio celestial: identificando as ancestrais constelações egípcias], *Sino-Platonic Papers*, n. 253, dez. 2014.

34. Jed Z. Buchwald, Egyptian Stars under Paris Skies [Estrelas egípcias sob os céus de Paris], *Engineering and Science*, n. 4, 2003, p. 20.

35. M. W. Ovenden, The Origin of Constellations [A origem das constelações], *Philosophical Journal*, 3 (1), 1966, pp. 1-18.

36. Mary Blomberg e Göran Henriksson, Evidence for the Minoan origins of stellar navigation in the Aegean [Evidência das origens minoicas da navegação estelar no Egeu], *Actes de la Vème conférence de la* SEAC, Gdańsk de la SEAC, Gdansk, 5-8 set. 1997. Światowit Suplement series H: Anthropology II. A. Le Beuf and M. Ziólkowski (eds), 1999, pp. 69-81.

37. B. E. Schaefer, The latitude and epoch for the formation of the southern Greek constellations [A latitude e a época da formação das constelações gregas do sul], *Journal for the History of Astronomy* (ISSN 0021- 8286), v. 33, parte 4, n. 113, pp. 313-50 (2002).

38. A introdução da observação científica para nossa compreensão do mundo natural não foi universalmente aceita. No século XVII, quando filósofos naturais como Robert Hooke iniciaram suas pesquisas sobre pressão do ar, receberam a acusação de que seria uma completa loucura tentar "pesar o ar". Entretanto, essas medições tornaram-se a base da meteorologia, que viria a salvar inúmeras vidas com previsões e alertas.

39. B. Van der Waerden, Babylonian Astronomy. III. The Earliest Astronomical Computations [Astronomia babilônica. III. As computações astronômicas mais antigas], *Journal of Near Eastern Studies*, 1951, 10 (1), pp. 20-34. Disponível em: <http://www.jstor.org/stable/542419.>. Acesso em: 25 ago. 2021.

40. John Steele, Astronomy and culture in Late Babylonian Uruk [Astronomia e cultura na Uruk babilônica tardia], 2011 Proceedings IAU Symposium N. 278, 2011, "Oxford IX" International Symposium on Archaeoastronomy, Clive Ruggles (ed.).

41. Michael Gagarin em *The Oxford Encyclopedia of Ancient Greece and Rome* [Enciclopédia Oxford da Grécia e da Roma Antigas], v. 7, p. 64.

42. Embora concordemos com esse princípio básico até hoje, discordamos da natureza da matéria fundamental. Atualmente, aceleradores de partículas mostram que partículas fundamentais, como *quarks* e elétrons, trabalham conjuntamente, como peças de uma construção, para formar os átomos dos quais todas as coisas são feitas.

43. Markham J. Geller, *Melothesia in Babylonia: medicine, magic, and astrology in the ancient near east* [Melotésia na Babilônia: medicina, magia, e astrologia no antigo Oriente Próximo]. Boston: De Gruyter, 2014.

44. The enigma of the medieval almanac, *Wellcome Library*. Disponível em: <http://blog.wellcomelibrary.org/2014/01/the-enigma-of-the-medieval-almanac/>. Acesso em: 25 ago. 2021.

45. Bernard Capp, *Astrology and the Popular Press: English Almanacs 1500-1800* [Astrologia e a imprensa popular: almanaques ingleses 1500-1800]. Londres: Faber and Faber, 2008.

46. John W. Livingston, Ibn Qayyim al-Jawziyyah: A Fourteenth Century Defense against Astrological Divination and Alchemical Transmutation [Ibn Qayyim al-Jawziyyah: uma defesa do século catorze contra divinação astrológica e transmutação alquímica], *Journal of the American Oriental Society*, v. 91, n. 1, jan.-mar. 1971, pp. 96-103.

47. Caso tenha acesso a um piano ou teclado, tente você mesmo. As notas da escala planetária de Nicômaco são D, C, Bb, A, G, F, E.

48. Astrônomos modernos acreditam que uma substância chamada matéria escura permeia o Universo. Trata-se de uma espécie de matéria invisível, completamente diferente dos átomos que formam planetas, estrelas, você e eu. Portanto, não pode ser vista com telescópios normais. A hipótese é de que a gravidade da matéria escura ajuda a conter as coleções de estrelas maiores, chamadas de galáxias. Existem dúzias – possivelmente centenas – de teorias a respeito do que seriam essas partículas. Bilhões de libras foram gastos em equipamentos altamente precisos na tentativa de capturá-la – ou até de gerar o material. Porém, apesar de anos de tentativas, ninguém conseguiu detectar um único fragmento. Essa falha, no entanto, não diminuiu a fé nessa ideia. A maioria dos astrônomos e físicos de partículas ainda acredita que a matéria escura exista de uma forma ou de outra. Na minha opinião, o mesmo processo acontece em nossa avaliação moderna de diferentes matérias escuras possíveis e nas discussões filosóficas antigas sobre a harmonia celeste. Cientistas modernos e antigos filósofos extrapolam o conhecimento de sua época, esperando descobrir a ideia certa.

49. Outros consideraram que não havia nada de religioso nessa questão e que tal movimento era apenas uma consequência natural da matéria. Aristóteles, por exemplo, propôs que o movimento circular era o sentido natural para qualquer coisa feita de éter. Em contraste, ele alegava que o movimento em linha reta era o mais natural para objetos feitos de terra e água, o que explicava por que objetos caíam das mesas diretamente para o chão, enquanto a Lua e outros corpos celestes percorriam órbitas.

50. Alessandro Bausani, Cosmology and Religion in Islam [Cosmologia e religião no islã], *Scientia/Rivista di Scienza*, 1973, v. 108 (67), p. 762.

51. O calendário gregoriano não é um sistema perfeito, mas é uma melhoria considerável. Agora, apenas no sexto milênio o calendário avançará um dia inteiro à frente do equinócio.

52. Owen Gingerich, *The Book Nobody Read* [O livro que ninguém leu], Walker & Company, 2004.

53. Donald V. Etz, Conjunctions of Jupiter and Saturn [Conjunções de Júpiter e Saturno], *Journal of the Royal Astronomical Society of Canada*, 94, pp. 174-8, ago.-out. 2000.

54. Margaret Aston, The Fiery Trigon Conjunction: An Elizabethan Astrological Prediction [A conjunção do trígono de fogo: uma previsão astrológica elizabetana], *1 Isis*, v. 61, n. 2 (verão de 1970), pp. 158-87, The University of Chicago Press em nome de The History of Science Society.

55. As pirâmides do Egito não são sólidos perfeitos porque suas bases são quadradas, e não outro triângulo equilátero.

56. Tycho Brahe's Observations and Instruments, *High Altitude Observatory*. Disponível em: <www2.hao.ucar.edu/Education/FamousSolarPhysicists/tycho-brahes-observations-instruments>. Acesso em: 25 ago. 2021.

57. Os restos dessas duas estrelas que explodiram foram encontrados e estudados por astrônomos modernos. Uma curiosidade astronômica é que, em média, seria plausível conseguirmos ver uma supernova semelhante em nosso sistema solar a cada século. Porém, nenhuma outra foi visível desde a de Kepler. Acredita-se que provavelmente seja uma anomalia estatística, em vez de uma mudança significativa no comportamento das estrelas em nossa galáxia.

58. Para completar, é essencial mencionar que o astrônomo inglês Thomas Harriot fez um esboço da Lua após observá-la por um telescópio, no dia 26 de julho de 1609. Então, seu trabalho precede o de Galileu por alguns meses.

59. E. A. Whitaker, Galileo's Lunar Observations and the Dating of the Composition of Sidereus Nuncius [As observações lunares de Galileu e a datação da composição de Sidereus Nuncius], *Journal for the History of Astronomy*, v. 9, p. 155.

60. Peter Harrison, *The Fall of Man and the Foundations of Science* [A queda do homem e as fundações da ciência], Cambridge University Press, 2009.

61. Instauração é uma palavra arcaica que significa restauração após um período de negligência ou ruína.

62. Perdão.

63. Allan Chapman, Edmond Halley's Use of Historical Evidence in the Advancement of Science [Como Edmond Halley utilizou evidências históricas para o avanço da ciência], 1994, *Notes and Records of the Royal Society of London*, v. 48, n. 2, pp. 167-91.

64. O próprio Newton também rejeitava a ideia da Trindade, mas teve o bom senso de manter essa opinião para si.

65. U. B. Marvin, The meteorite of Ensisheim – 1492 to 1992 [O meteorito de Ensisheim – 1492 a 1992], *Meteoritics* (ISSN 0026-1114), v. 27, mar. 1992, pp. 28-72.

66. Hitoshi Yamaoka, The quinquennial grand shrine festival with the Nogata meteorite [O grande festival quinquenal do meteorito de Nogata], *Highlights of Astronomy*, v. 16, XXVIIIth IAU General Assembly, ago. 2012 (c) International Astronomical Union 2015 T. Montmerle (ed.). Disponível em: <https://www.cambridge.org/core/services/aop-cambridge-core/content/view/S1743921314005225>. Acesso em: 25 ago. 2021.

67. Nem todas as estrelas cadentes resultam em meteoros que se precipitam até o solo. Em sua maioria, o fenômeno das estrelas cadentes é causado por fragmentos do tamanho de grãos de areia que queimam ao entrar na atmosfera. Porém, quando o objeto é maior, o risco branco pode ser muito mais poderoso. Objetos com essas dimensões podem ser vistos durante o dia e causar explosões sônicas, por viajarem a velocidades superiores à do som.

68. John G. Burke, *Cosmic Debris: Meteorites in History* [Destroços cósmicos: meteoritos na história]. Berkeley/Los Angeles: University of California Press, 1986.

69. N. V. Vasiliev, A. F. Kovalevsky, S. A. Razin & L. E. Epiktetova, Testemunhas oculares de Tunguska (impacto), 1981.

70. Richard Jenkins, Disenchantment, Enchantment and Re-Enchantment: Max Weber at the Millennium [Desencanto, encantamento e re-encantamento: Max Weber no milênio], *Max Weber Studies*, v. 1, n. 1, nov. 2000, pp. 11-32.

71. Prefácio de *Philosophiæ Naturalis Principia Mathematica*.

72. Ode to Isaac Newton. Disponível em: <www.ebyte.it/logcabin/belletryen/IsaacNewton_OdeByHalley.html>. Acesso em: 25 ago. 2021.

73. Joseph Addison, *The Spectator*, n. 420, 2 jul. 1712.

74. Existe um eco interessante do pensamento pitagórico aqui. No século VI a.C., Pitágoras definiu os conceitos de limitado e ilimitado e considerou que a música das esferas poderia juntar os dois.

75. J. V. Golinski, Sublime Astronomy: The Eidouranion of Adam Walker and His Sons [Astronomia sublime: o Eidouranion de Adam Walker e seus filhos], *Huntington Library Quarterly*, 80:1 (2017), pp. 135-57.

76. A palavra "popularização" em si foi cunhada no século IX, na França. Bernadette Bensaude-Vincent, Liz Libbrecht, A public for science. The rapid growth of popularization in nineteenth century France [Um público para a ciência. O rápido crescimento da popularização na França do século IX), Réseaux: *The French journal of communication*, v. 3, n. 1, 1995, pp. 75-92.

77. Anna Henchman, *The Starry Sky Within: Astronomy and the Reach of the Mind in Victorian Literature* [O céu estrelado interior: astronomia e o alcance da mente na literatura vitoriana], Oxford University Press, 2014.

78. To Theo van Gogh. Arles, on or about Saturday, 29 September 1888. *Vincent Van Gogh - The Letters*. Disponível em: <www.vangoghletters.org/vg/letters/let691/letter.html#translation>. Acesso em: 25 ago. 2021.

79. Flying chariots and exotic birds: how 17th century dreamers planned to reach the moon, *The Conversation*. Disponível em: <https://theconversation.com/flying-chariots-and-exotic-birds-how-17thcentury-dreamers-planned-to-reach-the-moon-84850>. Acesso em: 25 ago. 2021.

80. www.translate.google.co.uk

81. Naturalmente, sabemos que a massa da Lua é muito pequena e que sua gravidade é fraca demais para gerar uma atmosfera.

82. How a Russian Scientist's Sci-Fi Genius Made Sputnik Possible, *Popular Mechanics*. Disponível em: < www.popularmechanics.com/space/moon-mars/a28485/russian-rocket-genius-konstantin-tsiolkovsky/>. Acesso em: 25 ago. 2021.

83. Relatório Final de 1952, Summer Study Group, 10 fev. 1953, 2 vv., LLAB.

84. Paul Dickson, *A Dictionary of the Space Age* [Um dicionário da Era Espacial], The Johns Hopkins University Press, 2009.

85. O Sputnik-1 retornou à Terra e se desintegrou na atmosfera em 4 de janeiro de 1958, após completar 1.440 órbitas.

86. Roger D. Launius, It All Started with Sputnik: An eminent space historian looks back on the first 50 years of space exploration [Tudo começou com o Sputnik: um eminente historiador do espaço relembra os primeiros 50 anos de exploração espacial], *Air & Space Magazine*, jul. 2007.

87. Cento e um anos depois, a Society for Psychical Research publicou uma avaliação do seu relatório original, concluindo que foi muito precipitado condenar Blavatsky. No *site*, a SPR diz: "Hoje, a SPR continua a promover e apoiar as principais áreas de pesquisas psíquicas, fazendo testes de campo, pesquisas e trabalhos experimentais. Ela não possui visão corporativa sobre a verdadeira origem e o significado da *psi* – como os fenômenos telepáticos e psíquicos são hoje coletivamente designados –, e os debates entre os membros sobre certos assuntos costumam ser intensos. Porém, é justo dizer que, desde o início, o consenso entre os membros – e da comunidade de pesquisa de *psi* em geral – é de que a *psi* é real e, embora o fenômeno deva certamente ser explicado em termos científicos, tal ciência, hoje, ainda não existe".

88. Nicholas Campion, *A History of Western Astrology Volume II, The Medieval and Modern Worlds*, Continuum, 2009.

89. Carl Jung, *Letters* [Cartas], v. II, pp. 463-4.

90. Yuri Gagarin's First Speech About His Flight Into Space, *The Atlantic*. Disponível em: <www.theatlantic.com/technology/archive/2011/04/yuri-gagarins-first-speech-about-his-flight-into-space/237134/>. Acesso em: 25 ago. 2021.

91. Yuri Gagarin: 108 minutes in space, *New Scientist*. Disponível em: <www.newscientist.com/article/mg21028075-600-yuri-gagarin-108-minutes-in-space/>. Acesso em: 25 ago. 2021.

92. Memorando "Recommendations for our National Space Program: Changes, Policies, Goals" [Recomendações para nosso Programa Espacial Nacional: mudanças, políticas, metas], de James E. Webb e Robert McNamara para o vice-presidente Lyndon B. Johnson, 8 maio 1961.

93. A verba da NASA desde o final da década de 1970 corresponde a menos de um por cento do orçamento federal.

94. Roger D. Launius, Public opinion polls and perceptions of US human spaceflight [Pesquisas de opinião pública e percepções do voo espacial humano dos EUA], *Space Policy* 19 (2003), pp. 163-75.

95. Matthew D. Tribbe, *No Requiem for the Space Age* [Sem réquiem para a Era Espacial], OUP, 2014.

96. *Star Trek* viria a se tornar um grande sucesso, mas apenas após uma década de reprises, quando a sociedade já havia se esquecido do custo das missões à Lua e se lembrava somente da conquista.

97. Hollywood Flashback: Neil Armstrong's Moonwalk Killed the Box Office in 1969, *The Hollywood Reporter*. Disponível em: <www.hollywoodreporter.com/news/neil-armstrongs-moonwalk-killed-box-office-1969-1149903>. Acesso em: 25 ago. 2021.

98. Tribbe, op. cit., pp. 8-9.

99. Shklovsky e Sagan, *Intelligent Life in the Universe* [A vida inteligente no Universo], Holden-Day Inc., 1966.

100. Apollo 8 - Day 1: The Green Team and Separation, *Apollo Filght Journal*. Disponível em: <https://web.archive.org/web/20080923012425/http://history.nasa.gov/ap08fj/03day1_green_sep.htm>. Acesso em: 25 ago. 2021.

101. Número de referência da NASA: AS08-16-2593.

102. 50 Years After 'Earthrise,' a Christmas Eve Message from Its Photographer, *Space.com*. Disponível em: <www.space.com/42848-earthrise-photo-apollo-8-legacy-bill-anders.html>. Acesso em: 25 ago. 2021.

103. Entrevista com Frank Borman, Boffin Media, comunicação particular.

104. Disponível em: <https://archive.nytimes.com/www.nytimes.com/library/national/science/nasa/122568sci-nasa-macleish.html?scp=1&sq=%252522seen%252520it%252520not%252520as%252520continents%252520or%252520oceans%252522&st=cse>. Acesso em: 25 ago. 2021.

105. Disponível em: <www.space.com/42848-earthrise-photo-apollo-8-legacy-bill-anders.html>. Acesso em: 25 ago. 2021.

106. Número de catálogo: AS17-148-22727.

107. The Blue Marble Shot: Our First Complete Photograph of Earth, *The Atlantic*. Disponível em: <www.theatlantic.com/technology/archive/2011/04/the-blue-marble-shot-our-first-complete-photograph-of-earth/237167/>. Acesso em: 25 ago. 2021.

108. Idem.

109. Trecho de entrevista inédita por Richard Hollingham, da Boffin Media, para o programa *Message from the Moon* [Mensagem da Lua], Rádio 3. Disponível em: <https://www.bbc.co.uk/programmes/m0001psz>. Acesso em: 25 ago. 2021. Trecho fornecido por comunicação particular.

110. John Glenn: First American to Orbit the Earth [John Glenn: o primeiro americano a orbitar a Terra], *American History*, out. 1997.

111. Edgar Mitchell's Revelation, *The Atlantic*. Disponível em: < www.theatlantic.com/technology/archive/2016/02/edgar-mitchell/461913/>. Acesso em: 25 ago. 2021.

112. Edgar Mitchell's Revelation, *The Atlantic*, *op. cit.*

113. Michael Collins, *Carrying the Fire* [Carregando a chama], Farrar, Straus and Giroux, 2019.

114. Eva C. Ihle, Jennifer B. Ritsher, Nick Kanas, Positive Psychological Outcomes of Spaceflight: An Empirical Study [As consequências psicológicas positivas da viagem espacial: um estudo empírico], *Aviation, Space, and Environmental Medicine*, v. 77, n. 2, fev. 2006, pp. 93-101 (9), Aerospace Medical Association.

115. Summer Allen, *The Science of Awe* [A ciência da admiração], set. 2018, documento preparado para a Fundação John Templeton pelo Greater Good Science Center na UC Berkeley.

116. ESA sets clock by distant spinning stars, *The European Space Agency*. Disponível em: <www.esa.int/Applications/Navigation/ESA_sets_clock_by_distant_spinning_stars>. Acesso em: 25 ago. 2021.

117. The rise of astrotourism: Why your next adventure should include star-gazing, *The Telegraph*. Disponível em: <www.telegraph.co.uk/travel/comment/astrotourism-new-sustainable-travel-trend/>. Acesso em: 25 ago. 2021.

118. Fred Hoyle, *The Observer*, 9 set. 1979, Sayings of the Week [Palavras da semana].